为 人 生 提 供 领 跑 世 界 的 力 量

BLACK SWAN

黄章晋

——

等 著

一个观点，
不一定对

Elephant Group

大 象

中国友谊出版公司

序：一个观点，比其他的都对

文 | 大象公会

    本书是"大象公会"的文集，所以和大象公会一样，从题材到内容都是五花八门的。古代人的货币和夜生活、当代人的面膜和旅游街、"武林高手"为什么爱劈砖、美味的日本和牛从何而来，以及其他许多纷杂的话题，都在这本书里有所解释。

    因为具体内容经常与社会学、心理学、人类学、历史学等学科知识相关，所以大象公会也常常被人们归纳为"社科科普类"。但社会科学毕竟不同于自然科学，几乎没有什么知识可以被认为是确定的，更并非都值得人们知道。

    我们写这些文章，是为了给身边最值得好奇的问题，提供相对靠谱、有力的解释。

    我们相信，很多问题早已埋藏在各位读者的心中，却在无数次令人失望的回答之后，被默认为不可能得到准确而精练的答案，因而不值得认真深入的追问。

    这种想法也许并非完全错误。在本书中回答的诸多问题，比如中国人为什么热爱嗑瓜子？犹太人为什么特别聪明？为什么有些地方的人嗜辣而有些地方的人口味清淡？为什么理工科男多女少？为什么程序员不爱打扮？……

都来自生活中极易观察到的现象，因而也早就有很多几乎经不住反复琢磨的解释。而且，对于这些极为复杂、门类众多的问题，本来也没有人能在寥寥几千字内给出精确无误的回答。

但我们相信，在所有不一定正确的回答中，有一些采用正确的学术工具深入挖掘得出的答案，远比其他的更接近真相，而且也常常颠覆所谓的传统、普遍的认知。这样的答案值得我们倾尽全力去挖掘和传播。大象公会成立 5 年以来，始终以此作为是否对得起读者和自己的判别标准。

本书是我们努力的初步成果。而它的问世，在很大程度上是因为，在我们一直以来耕耘的移动平台上，有一群怀有同样好奇心并且愿意为之付出时间和精力的读者——无论数量还是质量，都远远超出了人们对这类平台用户的一般想象。

正如很多评论者所说，这个时代的读者都处在所谓碎片化阅读的重围之下。几十年前，人们看一张报纸，会把报纸中缝的征婚广告、寻人启事、寻物启事都仔细看一遍，因为那时候没有多少东西可看；现在，为了争夺人们花在手机上越来越多的精力，最有创造力、最有想象力、最勤奋努力的人们都在拼命研究人类大脑对信息刺激的反应，以强大的多巴胺算法刺准人们神经系统的弱点，战胜人们的自我控制力，最终占有人们宝贵且不断流逝的时间。

然而，这个时代也给我们提供了另一个机会：拥有强大的求知欲和自控能力的人，不但注定不会被算法与碎片化内容俘获，而且能够在激荡的信息洪流中，敏锐而又坚定地找到我们真正想得到的东西。

拜移动互联网时代所赐，我们得以和这样的读者更加迅速、精准地发现彼此。因为他们的存在，大象公会的这些篇幅很长、信息密度极高、经常被误以为是"小众趣味"的文章，会在微信平台上拥有150万订阅读者。

如果你还不是其中之一，我们很高兴你从这本书开始……

目

CO

录

CONTENTS

9

众生

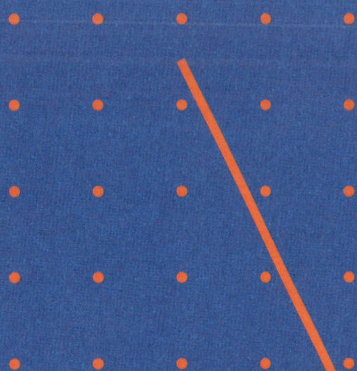

在中国古代如何花白银

文｜何苞旦

如果有机会穿越回古代，请小心使用手中的散碎银两。如果时间、地点、方法不对，你不但钱花不出去，还可能被群众扭送到官府。

文艺作品中的中国古代社会，物价经常高得惊人，在苍蝇馆子里随便吃个简餐，费用都高得令常人无法承受。

金庸小说《射雕英雄传》中，郭靖第一次见到未来的妻子黄蓉，花了近20两白银吃饭，相当于在现在的米其林三星吃饭，非常下本钱。时代稍早一点的梁山英雄们财力有限，但林冲、武松等人在路边小店吃肉喝酒时，也往往拿出一把碎银子结账，不知店家该如何找零。这种挥银如土的场景随着电视剧的广泛传播而深入人心，甚至固化了人们对古代人日常使用货币的想象。事实上，白银成为古代日常交易货币的历史并不长。无论林冲、武松还是郭靖，都不可能体验电视剧中的生活方式。

白银是什么钱

从出现货币以后，中国古代长期有"上币"和"下币"的区分，前者用作赏赐、军费等大额支付，后者则供人们日常交易。《管子》中提到，先秦时期的上币是珠玉，中币是黄金，下币是刀布；秦代则以黄金为上币，半两钱为下币；汉武帝以后，全国通行五铢钱，上币则有"白金三品"、白鹿皮等。

在唐朝以前，以白银作为货币是极其稀少的。像电视剧《琅琊榜》中以白银来赈灾和行贿的情节，在该剧所影射的南北朝时期是不可能发生的。唐代频繁的内外战争，促使朝廷发掘出新的大额支付手段。除了继承自南北朝的绢帛外，白银开始有了货币的功能，用来赏赐、进贡和支付军费。不过，此时白银的主要用途仍是铸造器皿的原料，而非流通于世的"钱"。举个例子，元和年间（9世纪初），唐宪宗拿出内库绢布69万匹、银5000两来支付军费，从这两样的比例看，白银在此时仍十分稀少。

白银真正成为大额支付货币，是在商业大兴的两宋时代。最有代表性的例子是宋朝和北方国家之间的"岁币"。1005年宋真宗签下澶渊之盟后，北宋每年要向辽缴纳绢20万匹、白银10万两，白银在支出中的比例较唐宪宗时代提高了很多。到了1141年，宋金《绍兴和议》规定南宋向金朝缴纳的岁币变成了白银25万两、绢25万匹，这时白银已经成了和绢帛平起平坐的大额支付货币。

不过，在宋朝，白银还远远没有进入人们的日常生活。北宋时期，即使官方全部垄断了银矿开采，全国每年的白银产量也不过20万两，加上定期的巨额外流，宋朝国内的白银相当稀少。可见，在当时白银的购买力非常之高，基本无法用于人们的日常消费。一般小额交易所使用的是政府铸造的铜制"制钱"，价值比白银低得多。

理论上，北宋时代的一两白银可换1000文制钱，而实际银价经常高至1500文到1800文，有时甚至涨到2000文。在武松等人喜爱的那种非法出售牛肉的小饭馆里，吃一顿4斤熟牛肉加18碗村酒的大餐，餐费也不过五六百文。如果有人像电视剧里那样，在茶馆里随手掏出50两的银元宝结账，效果恐怕跟基度山伯爵钱包中的50万法郎债券一样惊人。

在货币特别稀少的地方，人们连一般的制钱都用不起，会以其他货币替代。如四川人不但长期使用不值钱的铁钱，还率先使用了纸币——在一匹罗需要130斤铁钱的情况下，"交子"这样的纸币显然对大家来说更方便。而南宋朝廷因匆忙南撤，通货带得少，很快也遇到了四川人的困难，于是学习其经验，在全国发行纸币"会子"。元代建立后学习南宋，搞单一的纸币政策，严禁白银流通。白银作为大额支付货币的地位因此受到影响。

但是，由于元代货币政策混乱，不断发生周期性的通货膨胀，所以民间还是会选择储蓄白银来保值，官方对此也只能时弛时禁。不过，如果张无忌真的在大都用白银请赵敏吃饭，肯定会遭到群众举报。

明朝初建时沿袭元制搞单一纸币，结果照例引发了通货膨胀，大明宝钞和元代纸币一样沦为了废纸。巨商富民权贵每有大额交易，还是离不开金银。到明英宗时期，朝廷终于承认了白银的现实地位，将其定为国家税收的法定支付手段，米粮都要折算为白银入库，称为"金花银"。到张居正"一条鞭法"改革时，税收力役都要一体折算为白银缴纳。白银从此成了平民百姓日常生活的必要组成部分，至少缴税时离不开。

到清朝以后，白银已是具有官方地位的交易货币，在大额交易中充当主角。不过在明清的平民生活中，白银虽然比宋朝时普及一些，但日常小额交易用的仍以官方铸造的铜制"制钱"为主。据比利时耶稣会士鲁日满记载，在康熙初年的北京买 1 磅糖 80 文钱，1 磅面粉 13 文，1 磅羊肉 55 文，3 磅牛肉也只要 130 文。北京酱园还有所谓"四碗一文"，即酱、油、醋、酒各一碗共一文钱。而根据英国人记载，1832 年上海的棉布每匹售白银三四钱（合三四百文）。到鲁迅小说中清朝末期的浙东鲁镇，孔乙己吃一次酒也不过要 9 个制钱。由此可见，白银虽然进入了寻常百姓家，但日常消费中仍以制钱为主，很少需要掏出"真金白银"。

不过，与严禁私人铸造的日常用"制钱"不同，白银虽然是主流的大额支付手段，但明清政府却从来没有发布过法定的白银货币形态。也就是说，不管官方还是私人，都可以用白银原料铸造银锭，然后以"两"为单位称量流通。

那么，这些来源五花八门的白银有没有缺斤短两，明清两代的富商大贾又该怎样判断呢？

白银有多难用

白银是否足斤足两几乎没法判断。

首先，铸造银锭用的白银，在成色上就很可疑。明清时铸造技术有限，无法提炼出 100% 的纯银，再加上私铸者会故意掺入锡、铅等普通金属以次充好。其次，鉴定白银的手段也不靠谱。如明代后期，由于成色优良的银子在铸造中会出现细密的纹路，人们常把足色的银锭称为"纹银"。结果私人银铺发明了各种造假手段，如摇丝、画丝、吹丝等，都能在成色不足的银锭上制造出"纹银"的特征。

到了清代，这种情况才稍有改观。清代的银锭制造比以前规范，原则上要经有关部门颁发执照，才可铸造银锭。为保证银锭的质量，各地往往还有信誉较佳的大商号联合铸银，如北京有松花银、天津有化宝银和白宝银、上海有二七宝银、苏州有苏元锭、扬州有扬漕平银、镇江有公议足银，等等。但是市场上有如此多的银锭，且成色不一、价值不等，还是给交易造成了不小的困难。

当时，由于纹银的地位深入人心，国家税收和一般物价仍以纹银为标

清代咸丰七年江海关元宝锭

准，即使在乾隆时代铸造技术提高，很多银锭的成色超过纹银之后，人们仍然以纹银的银两数来为商品标价。同时为了解决银锭成色鉴定的问题，清朝发展出了发达的地方公估局体系，主要凭借眼力来鉴定银锭的真伪和成色，并从中收取鉴定费。

市场上的银锭如此成色不一，标价时却又以统一的"纹银"作计量单位，这自然不太公平。因此在实践中，即使商品明码标价为多少多少两纹银，商家也不能对什么样的银锭都一口价，否则总有一方会吃亏。如果支付用的银锭的成色比纹银更好，那支付时就可以比定价少付一点，这种情况称为"申水"（加水）；如果成色较低，则需比定价多付一些，称为"贴水"（减水）。

可见虽然这类交易以纹银定价，但纹银此时已不再是真实的银锭，而是一种衡量商品价格的计量单位，或者叫"虚银两"。到了晚清，各个重要口岸都发展出了自己的虚银两，如上海的九八规银（元）、汉口的洋例银、天津的行化银等。在以纹银为标准的交易中，用各种真实银锭所需多付和少付的幅度各有不同，它们之间也就可以以此区分。比如，一只重50两的银锭，如果因为成色好而可以当作52两4钱来用，就会因多值了2两4钱，而被称为"二四宝"。相应的还有"二六宝"和"二八宝"的银锭。如果能多值3两白银，这只银锭就会被称为"足宝""足色"或"十足银"。

二四宝成色=935.374‰×（52.4÷50）=980.272‰
二六宝成色=935.374‰×（52.6÷50）=984.013‰
二八宝成色=935.374‰×（52.8÷50）=987.755‰
足银成色 =935.374‰×（53÷50） =991.496‰

各种银宝的成色。据1891年印度造币局所做化验，中国纹银含银纯度应为935.374‰，由此我们可据以推算出各种宝别的含银比例。可见，即使是当时人们口中的"足银"，离纯银也仍有相当距离。

这些成色上的问题足以令不常从事商务的平民眼花缭乱。再加上古代衡器制度的混乱，又为民众判断手中白银的价值带来了严重的困难。比如，一两银子到底应该有多重，清朝各地的标准有着极大差别。即使是被政府用作标准的"库平"，中央政府、地方政府及各个部门的标准也有差异：海关有"关平"，每两重37.68克；漕运有"漕平"，每两重36.65克；在各城市中，有流行于长江流域的湖南"湘平"，每两重量相当于库平的8钱1分1厘7毫；北京"市平"则是每10两相当于库平的10两5钱。从北京到湖南，差别竟达到库平的2钱3分8厘3毫。甚至在同一个地区，一两银子的重量都不一定相同，藩、道、盐各部门的库平皆有参差。

在对外贸易中，银锭价值的换算也极为复杂。如从1857年起，上海商界与外国银行议定，货币收付一律用"规元"为计算单位。具体的换算方法是，将一只银锭的实际重量加上"申水"再除以98%，即得出相应的规元数字。如此烦琐的计算方式，用于专业的进出口贸易尚且过关，对普通人来说就太麻烦了。

烦琐的货币折算方式，给货物流通造成了巨大的不便，也不乏有人为此疾呼。康有为曾在《公车上书》中提到，元宝和银锭太难使用，不但形状不便携带，而且成色和衡量标准都不统一，一会儿要多给　会儿要少给，"轻重难定，亏耗滋多"。更不堪的是，清朝政府自己在出入账时还用不同的银两标准，大平入、小平出，两头赚钱。

白银是如何变得靠谱的

作为最重要的大额支付手段，古代中国白银的单位标准竟如此混乱，自然也引起了外国人的不满。《马关条约》中特意规定，赔款要按"1两37.31克白银"的标准来核算，不给清政府搞猫腻的机会。到1908年时，清朝新近成立的农工商部根据"万国公制"终于做出规定，库平银1两为37.30克。

海外白银在民间的流通走在了政府前面。乾隆初年，海外白银以银币

（银圆、银洋）的形态大量流入中国，至嘉庆、道光年间大盛。据《清宣宗实录》（道光时期）的记载，海外银币在"闽、广、江西、浙江、江苏渐至黄河以南各省"都极为盛行。相比古代中国白银，海外银币成色稳定、携带计量方便，优势明显。在南方地区的日常小额交易中，银币已经很大程度取代银两，以至于现在在南方很少出土清代银锭。

第一次鸦片战争后，英国人习惯地要求中国赔偿银币而不是银两。清代的海外银币种类也很多样，在道光时期国内流行的银币就可按图案分为"大髻洋""小髻洋""蓬头洋""蝙蝠洋""双柱洋""马剑洋"等许多种类。这给了中国人一些启发，张之洞率先在湖北尝试自铸银币。随后清末新政时，为了统一全国币制，清政府以国际公制为基础，决定以重量库平7钱2分、比例银九铜一的标准铸造"光绪元宝"，开启了中国银圆的历史。此后的民国银圆也继承了这一方案。

民国银圆

在西方的影响下，银圆凭借着在成色和重量上的双重加持，成为20世纪前期全国通行的主要货币。

中国古人如何过夜生活

文｜李思楚

古装剧中常常出现的亮如白昼的夜晚和繁华热闹的夜市，在古代真的存在吗？古人晚上有哪些我们难以想象的麻烦？

对你来说，穿越回古代最难适应的是什么？

即使你热爱中华古典文化，能够忍受衣食住行的种种不便，但漫漫长夜也足以让你赶紧买票返程——古装剧中频频出现的繁华夜景，大多是不熟悉历史的编剧一厢情愿的美好想象。古代的夜晚，远比你想象的麻烦得多。

蜡烛可是奢侈品

习惯了各种人造光源的现代人可能早已忘记黑夜多么不适合人类活动。停电时，我们被迫以古人的方式度过漫漫长夜——点蜡烛，在摇曳昏黄的烛光下聊天、打牌，甚至读书写字。蜡烛的亮度比电灯差多少？假如采用光通量（流明，lumen）的概念，发光强度为 1 坎德拉（约一支蜡烛）的发光体，其光通量为 1 流明，而一盏 40 瓦的日光灯的光通量约为 2100 流明。

按照这样计算，其实还低估了古代照明方式与现代的差距，古典文化爱好者沉醉的"何当共剪西窗烛"的美好意象，只是少数人能享受到的奢侈生活。在古代，蜡烛远没有想象中那么流行。据著名化学家曾昭抡回忆，晚清以前平民在夜间需要照明，"燃起一根松枝或一条篾片，即可解决。夜间依赖蜡烛照明是很例外的事"。

为什么蜡烛不够流行？因为当时的蜡烛和今天的完全不同。今天的蜡烛由石蜡制成，是石油工业的产物，纯度很高、燃烧稳定、价格低廉。而古代的蜡烛往往是蜂蜡、白蜡与常温不熔的动物油脂混合而成，燃烧不稳定、极易熔化、烟气很重，且动物油脂往往会因变质发出难闻的气味。

　　何况普通人家未必用得起蜡烛。据《宋史》记载，北宋名相寇準少年富贵，性情豪奢，"家未尝爇油灯，虽庖匽所在，必然（燃）炬烛"。可见蜡烛在古代是富贵的象征。宋代的蜡烛一支价格在150文左右，每晚可能消耗2~3支。宋代以后开始把乌桕之类熔点高的植物油加入蜡烛中以降低成本，但效果也不理想，晚清时期的蜡烛价格仍然高达200文一斤。每晚消耗的灯油价格不过4~5文钱，粗略计算，使用蜡烛的花费是油灯的100倍。中国古代确实有一些巨型蜡烛可以提供很好的照明，但价格就不是普通人家所能接受的了。

　　油灯是古代比较普遍的照明工具，它的亮度可以调节，如果多放燃油，使用粗大的灯芯，油灯的亮度可以和蜡烛一样，但同时费用也与蜡烛一样奢侈。普通油灯比较昏暗，"一灯如豆"一词形象说明了它的照明效果。古代经常出现灯花落在书本上烧坏书籍的事件，不仅说明油灯有引起火灾的风险，还说明古人看书时，书本和眼睛多么贴近油灯。

　　即便如此，油灯也不是谁都用得起的。《儒林外史》中的守财奴严监生，临死之前伸着两个指头不肯断气，就是嫌油灯里点了两茎灯草，太费油了。凿壁偷光和囊萤映雪的典故，也说明油灯远没有今天的蜡烛这么普及。

　　室内尚且如此昏暗，街道上又如何呢？古人也想出了一些室外照明的办法，比如从唐宋时期开始，行人较多的街道或者桥头，往往会设置公益性的街灯。一些富裕的寺庙也会在高塔上面点燃长明灯，以示佛光普照。

　　不过，如果你是夜盲症患者，最好还是不要晚上出去。因为在绝大多数道路上，夜行者只能靠灯笼或火把，借着月光艰难行走。

　　唐宋时期，禁城宫殿的道路上很少有灯火，臣子们在夜间被召见时若能获赐以灯火送归，会被看作无上恩宠。整个宋代只有十个人曾享受过这种待遇，最著名的是苏东坡，夜间被太皇太后和哲宗召见，临走时命人用"御前金莲烛"送归，传为美谈。

　　明代时，紫禁城有了路灯，《明宫史》有记载："以石为座，铜为楼，铜丝为门壁。每日晚，内府库监工添油点灯，以便巡看关防。"后来魏忠贤为了方便自己夜间出入，把这些路灯全部撤去。

　　清代紫禁城中，除帝后皇子们的居所之外都不设路灯，令官员们十分困扰，他们上朝时通常只能自己用小灯笼照明。光绪初年的一个大雨之夜，有个笔帖式（文书）竟因天黑失足落入御河而死。直到1888年，慈禧太后的寝宫装上了李鸿章进贡来的电灯，紫禁城才告别了漆黑一片的夜晚。

严格的宵禁制度

　　平民百姓或许舍不得点灯燃烛，经营酒楼茶肆的店家则无此压力。以它们为核心能形成一个相当壮观的夜间市场——如果古代官府不去管制的话。

　　古代官府一直试图管理百姓的作息时间。《国语》中，鲁桓公妻子敬姜教育儿子时说，为了防止人们过分安逸生出邪念，从天子、诸侯到平民百姓，每个人的作息都要安排好。学者葛兆光曾总结："对作息时间的管理，在某种意义上说也是对社会秩序的管理，大家步伐一致，各地时间一致，才会觉得像一个'民族'，一个'国家'。"

　　在夜晚，官府最容易失去对平民的控制，除了赌博、盗窃，最大的问题就是阴谋造反。例如唐宋时期，官员们发现各地常有"合党连群，夜聚晓散"的人群，顿时感到如临大敌，因为这些人很可能是食菜事魔（摩尼教，魔教）的信徒，应该抓起来治罪。因此，中国古代绝大多数时期都有关于宵禁的法令——每到黄昏，城门闭锁，各居民区也封闭起来，如无要事不得在街上行走，否则称为"犯夜"，要予以处罚。

对犯夜者的处罚有多严重？举一个与曹操有关的极端例子。他任洛阳北部尉时曾将皇帝宠臣蹇硕的叔父杖刑处死，仅仅因为他触犯了宵禁。不过，多数犯夜者不会受到如此严厉的处罚，依据《大清律》，通常会处以30~50下的杖刑，拒捕者杖一百。

唐代的长安城是实施宵禁令的模范。长安城在规划上将商业区（市）和住宅区（坊）严格分离，东西两市的营业时间是正午到黄昏。黄昏时刻，长安的承天门击鼓四百下，城门全部关闭。鼓声再响六百下后，城内的坊门一律关闭，行人也禁止夜行。夜鼓和晓鼓之间，在街上行走即为犯夜，违者笞二十。"六街鼓歇行人绝，九衢茫茫空有月"就是长安夜晚街头的景象。

不小心回来晚了怎么办呢？《太平广记》记载了这样一个故事：天宝年间，布政坊居民张无是走在街上，夜鼓忽绝，坊门都关闭了，无奈之下他只好在桥下蹲了一宿。

《清明上河图》清院本中的栅栏（局部）

明清时期的宵禁制度依然严格，清代北京内城（大致是今天二环以内）的每条胡同口都有栅栏，其中皇城内 116 个、皇城外 1199 个。这些栅栏每晚闭锁，内城居民想要过夜生活也非常困难。现今夜晚灯火辉煌的北京，在古代时却是冷冷清清。

那么，难道中国古代的夜生活仅限于室内吗？

难得的夜生活

古人的夜生活同样可以十分丰富，只是要想办法避开宵禁制度。例如每年元宵节前后通常都会解除宵禁。"去年元夜时，花市灯如昼。月上柳梢头，人约黄昏后。""游伎皆秾李，行歌尽落梅。金吾不禁夜，玉漏莫相催。"这些难得的浪漫之夜都发生在元宵节。

除元宵节外，绕过宵禁令的最简单办法，就是进入夜市区域后干脆彻夜不归，这样就不受宵禁令的限制了。通常内城的宵禁比外城严格得多，而外城通常无人巡夜，因此古代夜生活丰富的地点往往在大城市的外城中，例如北京的八大胡同、南京的秦淮河、杭州的北关、苏州的阊门外等，或者干脆就在城外。

唐代长安城宵禁虽然严格，但并不妨碍人们到特定的区域寻欢作乐，如平康里就是主要的"红灯区"。卢照邻的名诗《长安古意》中有这样的故事情节：一群游侠少年在长安红灯区寻欢作乐，继而朝廷命官"执金吾"带着大批随从光顾，过了不久又有贵为将相的大人物莅临。

如果不愿在外面过夜，还可以享受上门服务。唐宋至明朝的中央地方官府往往蓄养"官妓"，方便公职人员设宴时陪酒。后来无论何人，只要肯花钱也可享受同等待遇，清代行话称为"叫一个局"。苏东坡在杭州时，常常约宾客来到西湖，早餐之后令客人各自上船，每条船上各领歌妓数名，随客人泛舟游玩，傍晚时才集合，一起到其他地方游玩，深夜方归。

宋代的《东京梦华录》和《梦粱录》中记载了承办宴会的"四司六局"，主人只需花钱即可从官私服务行业请来厨师、歌姬，甚至还可以请来"专掌灯火照耀、立台剪烛、壁灯、烛笼、装香簇炭之类"在自己家中摆上档次的酒席。更豪富的人家还可以自己蓄养和调教歌姬。唐代传奇小说《昆仑奴》中的某位一品大员宅中竟然有十院歌姬，比起那些夜宿娼家还要担心宵禁的普通市民高明多了。

宋代是个基本取消宵禁的时代，在中国古代难得一见。与唐代长安不同，宋代开封和临安的城市布局打破了市与坊的界限，宵禁难以执行。喜欢夜行的宋太祖将宵禁时间延迟到三更，而五更解除宵禁，禁止夜行的时间只有短短的两个时辰。东京城内普遍出现了"夜市"与"早市"。北宋末年宵禁令名存实亡，干脆不再执行。南宋临安夜市更加繁荣："杭城大街买卖昼夜不绝，夜交三四鼓，游人始稀，五更钟鸣，卖早市者又开店矣。""酒楼歌馆直至四鼓后方静；而五鼓朝马将动，其有趁卖早市者，复起开张。"临安或许是中国古代真正的不夜城。

今天的秦淮河画舫

解除宵禁的代价是频繁发生的火灾。北宋一朝，开封失火多达 44 次，导致朝廷一度实行非常严厉的灯火管制：士庶人家夜间点火必须申报，一旦失火而又找不到纵火者，主管的官吏就会获罪。禁火令一出，有些刁民便开始故意纵火以陷害主管的官吏，朝廷无奈，只好放宽限制。

古代的夜生活不仅可以反映一个时代的经济和文化，还可以视为朝廷控制力的"晴雨表"。一个朝代的末期，朝廷没有人力、财力实施宵禁，人们的夜生活往往也会丰富起来，晚唐的长安城宵禁制度逐渐松懈，与盛唐时期的严肃气氛形成鲜明对比。明代和清代也发生了类似的情形。因此，如果你穿越到古代突然发现严格的宵禁逐渐松下来，先别急着高兴，要做好迎接黄巾、闯王们的准备。

"武林高手"为什么爱劈砖

文 | 叶鹤洲　陆碌碌

　　中国的"武林高手"、网络红人长期热衷于表演单手劈砖、头顶开砖等绝技，砖头的质量帮了他们大忙。这种遍地可得的表演道具，其实是当代独有的工业产品。

　　在工地里随意捡一块砖头，就会发现它的表面坑坑洼洼，满是气孔，一抓就簌簌掉渣，捡起来可以直接当粉笔用。砖头质量之差，甚至养活了不少网红，"快手"上就有诸多靠单手劈砖走红的民间高手。虽有人详细分析过劈砖的用力技巧，但劈砖能成为人人皆可掌握的"绝技"，砖头的质量功不可没。

　　如果这些劈砖高手生活在 20 世纪 50 年代之前，多半会放弃这一绝技。对建筑感兴趣的人会发现，中国古代的砖石建筑用的都是古雅的青砖，民国建筑也以青砖为主，只有广州、上海等少数城市有一些红砖建筑。古建筑采用的青砖，硬度、强度都远远大于现在工地上的红砖，劈断的难度也大得多。

　　和饱受诟病的红砖相比，青砖更符合现代人的素色审美，质量也远胜于红砖，然而为什么它被淘汰了？

中国古代无红砖

　　一提起砖头，我们脑中闪现的画面肯定是红色的长方体。但这种红砖在 20 世纪前的中国几乎不存在。自战国秦汉以来，砖头的颜色一直是青灰色。

考古学家只在仰韶文化遗址中发掘出红陶，却始终没发现过红砖。故宫等明清皇家建筑的红墙，则是在青砖砌的墙面外涂了一层加朱砂的灰泥，砖头本身仍是青砖。唯一的红砖产地在闽南，当地以独特的"红砖厝"闻名，但这种建筑风格也非中国原创。泉州、漳州、厦门一带是明清海上贸易的中心，闽南红砖是其副产品。

而西方的情况则完全相反。从古巴比伦到地中海沿岸文明，一直有生产和使用红砖的传统。早在公元前 4 世纪，古希腊便大量烧制红砖，建造红砖建筑。罗马帝国也将红砖作为主要建材，一些红砖建筑甚至遗存至今。

到了中世纪早期，罗马红砖从意大利西北部传入丹麦、德国、波兰和俄罗斯等地，催生了北欧的红砖风尚和"砖哥特式"（Brick Gothic）风格。

15 世纪，红砖传入当时商业最为繁荣的尼德兰地区（今荷兰、比利时），并由此传播到英国、美洲新大陆等地。有意思的是，欧洲砖的颜色呈红色到棕色不等，唯独没有青色。

中、西方砖块的颜色为什么泾渭分明？

这并非因为审美不同，而是由于烧制工艺的差别。红砖和青砖都是用黏土高温烧成，颜色差别在于烧制过程中是否接触氧气。烧砖时，如果氧气充足，黏土中的铁元素就会充分氧化生成氧化铁，砖块为红色；如果氧气不足，部分氧化铁就会被还原成四氧化三铁和氧化亚铁，砖呈现青灰色。砖坯能否接触到氧气，则取决于砖窑的构造与制作工艺。罗马砖窑一般敞开窑顶，而中国古代的砖窑则都有窑顶，在此基础上发展出封窑技术。青砖烧制末期，工人将排烟口与炉膛进气口完全封闭，窑内随即进入缺氧环境，青砖的青灰色便得以固定。

砖窑构造的差别，则是因为东西方建筑的差别。罗马早早发展出了成熟的砖石建筑，对砖的需求量大，非大型砖窑不能满足，而当时大型砖窑窑顶造价极其昂贵，因此只能敞开窑顶进行烧制。中国古建筑则以木构为主，从先秦到魏晋时期，砖块长时间内仅用于给大户人家修墓、铺地。有限的需求

造就了精工细作的小型
砖窑，窑顶的建造成本
远低于西方。中国古代
还发明出炉膛在窑室侧
面的横焰窑和火焰在窑

横焰窑和倒焰窑的结构

室内回旋的倒焰窑，以提高燃料利用效率。

　　红砖利于大量快速生产，青砖的质量则更胜一筹。两种烧砖技术很快在东西方建立了各自的势力范围和工艺传统，红砖建筑扩散到整个欧洲，青砖建筑则散布到包括日本、朝鲜在内的整个东亚文化圈，成分庭抗礼之势。

工业文明的胜利

　　然而，随着欧洲在16世纪率先迈入工业时代，天平逐渐向红砖倾斜。16世纪后期，尼德兰地区发展为欧洲工商业中心。工商业的飞速发展造就了当时全世界最高的城市化水平，而高达60%的城市化率催生出大量的无产城市贫民。与此同时，尼德兰地区的土地里还蕴藏有大量可供燃烧的泥炭。市场、劳动力和生产原料的组合优势很快就使这里成了欧洲的红砖生产中心，17世纪荷兰的敞口砖窑一次能烧制50万～60万块红砖。

　　据估计，当时的荷兰砖年产量超过2亿块，并通过发达的航运出口到世界各地。荷兰人虽沿用着罗马帝国的古老工艺，却创造出大型砖瓦工业组织的雏形。荷兰人创造了新式劳动组织，而第一次工业革命则让红砖生产技术迎来了彻底的革新。代替人力的黏土搅拌机、压砖机相继出现，到1847年，仅美国就有93项制砖专利。中国青砖的质量优势在很大程度上被抵消，因为机器搅拌、压制成的砖块远比手工制砖来得结实均匀。

　　真正的革命性发明是德国人弗里德里希·霍夫曼在1858年发明的大型

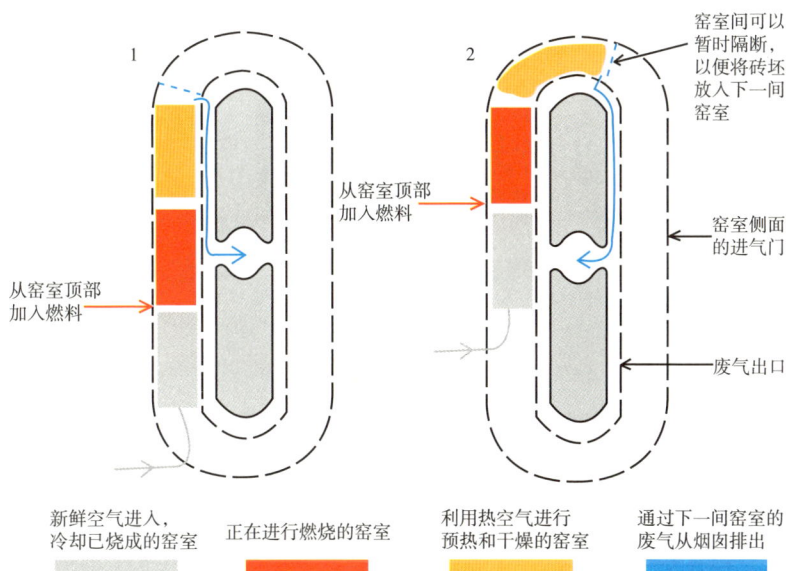

窑室间可以暂时隔断，以便将砖坯放入下一间窑室

从窑室顶部加入燃料

窑室侧面的进气门

从窑室顶部加入燃料

废气出口

新鲜空气进入，冷却已烧成的窑室

正在进行燃烧的窑室

利用热空气进行预热和干燥的窑室

通过下一间窑室的废气从烟囱排出

霍夫曼轮窑大致工作原理（俯视图）

轮窑。这种轮窑内部分成 12 间以上的窑室，其间可以连通，如一条环形隧道。一次点火后，排成一圈的窑室逐次燃烧，依序重复着装窑、烧窑、出窑等过程，几乎不用停火，极大提高了生产效率。每次燃烧的废气可供其他窑室干燥、预热，热量得到充分利用，燃料也得到极大节约。

工业革命使红砖变得物美价廉，除了运输砖块的物流成本和建造轮窑的门槛，已经没有什么能阻止红砖向东方攻城略地。

最先放弃制造青砖的是日本。明治维新初期，日本即从欧美进口红砖，修建西式建筑。1872 年，日本在美国工程师的帮助下建成了第一座轮窑。红砖的经济效益很快就发挥了威力，日本也全面开始了红砖建筑热潮。到 1919 年，日本红砖年产 5.6 亿块，青砖几乎被淘汰。

19 世纪末，红砖随着西方列强的入侵被带入了中国。初到中国的各国官商不谙青砖的性能，不是进口红砖就是在租界附近新建砖厂，广州、

1910年修建的"满铁"奉天车站，代表了当时日本红砖建筑的最高水平。由于本土多地震，日本境内留存的红砖建筑很少，倒是在中国的东北和中国台湾地区留下了不少遗迹。

上海、武汉、青岛、沈阳、哈尔滨等地至今留有中国最早红砖建筑的遗迹。

不过，顽强的传统青砖并未迅速消亡。尽管存在着生产效率低的致命弱点，但是手工青砖的技术性能在大多数情况下仍可以媲美机制红砖。这种本土材料反倒逐渐融入了西方建筑风格，出现了一些独特的西式青砖建筑。

青砖被完全淘汰是在1949年以后。1949年之前，红砖虽明显比青砖有优势，但政府一来没有大规模的基建需求；二来没有强大的动员体制和社会控制能力，大规模的砖厂只限于少数城市。1949年后，出于提高产量、节约燃料，尤其是发展工业的目的，全国开始推广大型轮窑。到1960年，大中城市砖瓦业90%以上采用轮窑生产，旧式的小型青砖窑迅速被淘汰。20世纪60年代的"大跃进"和20世纪80年代的包产到户对农村经济的刺激又在内陆乡镇接连激起了轮窑建设热潮。到20世纪90年代，偏僻地区仅存的传统青砖窑，终于被消灭殆尽。

国产红砖的质量升级

红砖取代青砖是工业发展和技术进步的体现，但任何有装修经验的人都不会忘记实心红砖的品质，用它砌起的砖墙常常出现渗水、开裂等问题。

这并不是红砖自带的缺陷。传统意义上的红砖由黏土制成，只要正常制作、烧制合格，绝水性和抗压性就能得到保障。古罗马的红砖建筑、中世纪的北欧红砖城堡大量遗存至今。机制砖发明后，红砖质量更是显著提升。19

世纪下半叶，英国建筑业兴起了不再粉刷砂浆，让红砖直接暴露在外的设计手法。在气候阴湿的英国采用这种大胆的设计，不仅是对红砖墙艺术性的承认，更是对其技术性能的肯定。

这种手法很快就成为风靡世界的建筑风尚，中国的红砖老建筑正是由此而来。即便在中国，旧建筑里的红砖质量也优于后来大规模生产的红砖质量。2015 年 7 月，吉林长春拆除一幢旧建筑后，20 万块旧砖全部被韩国人买走，一度引起当地人热议。

那么，现在部分红砖质量为什么如此低劣？

事实上，当代中国人熟悉的红砖并不是欧洲传统的纯黏土砖，而是"内燃砖"，一种诞生于"大跃进"时期，普及于 20 世纪 60 年代的独特发明。所谓内燃砖，就是在制砖黏土中混入一些煤粉，让砖坯在窑内高温条件下内部燃烧而成的砖。1961 年，建筑工程部向全国推广了这种新技术：

"内燃烧砖是砖瓦焙烧工艺的一项重大革新……采用内燃烧砖可节约煤炭 30%，增产 20%，并能利用劣质煤和有一定可燃性的烟灰、炉渣的废料……希望全国各地砖瓦企业都认真学习和大力推广。"

在使用优质煤粉的理想状态下，燃烧的煤粉虽然在砖块内外形成许多细小孔洞，使砖块密度变小、不再适于室外暴露，但若比例得

19 世纪 60 年代成立的布里斯托大学、谢菲尔德大学、伯明翰大学、利兹大学、曼彻斯特大学和利物浦大学都修建了红砖外露的校舍，被称为"红砖大学"，广州中山大学老校区也延续了这一风格（图为利物浦大学维多利亚大厦）。

宜，也不会造成重大结构缺陷，还有助于隔热隔音。但实际生产的情况却糟糕得多，因为这种旨在节约燃料的技术几乎不可能采用优质煤粉。中国各地砖厂烧制内燃砖的原料往往是杂质含量高的劣质煤或炉渣，颗粒大小不均，成分极为复杂，其中常常含有黑色页岩与石灰石的碎粒。

燃料颗粒过大，就会在砖体上造成较大孔洞，使其力学强度降低。页岩在焙烧时会发生高倍数的膨胀，从内部破坏砖块的组织结构。而石灰石的主要成分碳酸钙会在高温煅烧下生成氧化钙，出窑后一旦淋雨或吸收空气中的水蒸气，氧化钙吸水放热，就对膨松多孔的砖块造成严重破坏。

另一种常见的情况是"黑心砖"，即因炉温升温过快、砖坯表层迅速烧结，而内部内燃料的碳化物来不及烧掉，使得砖心不能烧结，砖的强度也会大受影响。

过去，部分内燃砖产自质量把控极差且缺乏监管的乡镇砖瓦厂，很多"豆腐渣工程"的罪魁祸首也是这种红砖。所幸的是，这种劣质的实心内燃砖正在逐步成为历史。2000 年以来，中国政府以能源耗费大、破坏土地等原因三令五申地下达禁用实心黏土砖的禁令。尽管传统红砖仍屡禁不止，但在一二线城市的建材市场上，已很难再见到红砖的身影。在西方，红砖也越来越多地被混凝土、水泥砖等材料所取代。1948 年以来，英国的砖产量急剧下降，到 1965 年英国的砖产量是 80 亿块，而到 90 年代已经下降到 40 亿块。

不久的将来，中国人熟悉的红砖或许会像今天的青砖一样，成为专供复古风建筑的特殊装饰品。到了那个时候，中国的"武林高手"也许就不会这么爱劈砖了。

为什么吃不出阳澄湖的大闸蟹

文 | 郭婷婷

真的有人靠品尝就能准确地分辨来自阳澄湖的大闸蟹吗？很不幸，理论上来说这几乎不可能。

评测的科学基础

各地食材的高下向来是个极具争议性的话题，只是争议虽多，较真的评测却很少出现。著名的网红老饕"雕爷"，由于开烤羊肉店，对食材的测评有过相当丰富的经验。2013年8月到2014年2月，他曾组织了相当的人力，持续测评羊肉风味、口感。评测用的是打分制，除了香气和口感外，为了商业考虑还加入了颜色的打分。他们特意从公司数百报名者中筛选近20个味觉相对灵敏的人，和其他自愿报名者不断试吃羊肉，试图摸索出一个对烤羊肉偏好的坐标系。

评测第一轮是羊肉的不同部位，第二轮是不同产地的羊肉，评测过程中，还选了刷上羊油的猪肉作为对照组。他们得出的结论并不令人意外：一般来说，脂肪和含水量较多且肌肉纤维较细的部分，口感和香气的得分较高；脂肪、含水量较低，肌肉纤维较粗的，口感和香气的得分较低。所以羊的前腿肉得分最低。口感偏好上，存在普遍的男女差别，女性不喜欢吃肉筋较多的羊肉，男性则相反。另外，约30%的人无法分辨或没有觉察出试吃的是猪肉，反而因其鲜嫩多汁评分较高。对内蒙古、宁夏、新疆这三种美誉度最高的羊肉，评测得分差距非常微小，而内地农户饲养的小尾寒羊与这些羊的得分区别较大。不过，产地之间的差别远不及肉来自羊的哪一部分明显，冻肉与新鲜羊肉的品质差别也十分显著。当然，评测还受到腌制、调料等影响，往往会抵消肉质的差别。

大闸蟹虽然更为高档，但与羊肉一样，都属于肉类范畴——最美味的蟹膏、蟹黄分别为雄蟹副性腺及分泌物和母蟹卵巢与肝胰腺的混合。这种评测很容易获得科学解释：**肉类风味主要通过鼻腔中的嗅觉感受器和位于口腔中的味觉感受器辨别。其中，可挥发成分进入鼻腔，附着在位于鼻腔顶部黏膜的气味感受器，催其发送信息，通过嗅觉神经传导至大脑中的嗅觉皮质（分别为大脑额叶和颞叶皮质腹侧联合处的初级嗅觉区和位于眶额皮质的次级嗅觉区），从而产生对气味的感觉。**

目前，已经有1000多种肉类挥发性成分已被鉴定出来，包括内酯化合物、吡嗪化合物、呋喃化合物和硫化物等，这些成分多产生于肌肉和脂肪组织受热过程。根据 Homstein 和 Crowe 对猪肉、牛肉、羊肉的研究，不同

肉类中各化合物数量及其所占比例

化合物类别	牛肉		鸡肉		猪肉		羊肉	
	数量	%	数量	%	数量	%	数量	%
烃类	123	18.1	71	20.5	45	14.3	26	11.5
醛类	66	9.7	73	21	35	11.2	41	18.1
酮类	59	8.7	31	8.9	38	12.1	23	10.2
醇类	61	9	28	8.1	24	7.6	11	4.9
酚类	3	0.4	4	1.2	9	2.9	3	1.3
酸类	20	2.9	9	2.6	5	1.6	46	20.4
酯类	33	4.8	7	2	20	6.4	5	2.2
类酯类	33	4.8	2	0.6	2	0.6	14	6.2
呋喃类	40	5.9	13	3.7	29	9.2	6	2.7
嘧啶类	10	1.5	10	2.9	5	1.6	16	7.1
吡嗪类	48	7	21	6.1	36	11.5	15	6.6
其他含氮化合物	37	5.4	33	9.5	24	7.6	8	3.5
含硫化合物	126	18.6	33	9.5	31	9.9	12	5.3
卤代化合物	6	0.9	6	1.7	4	1.3	–	–
其他化合物	16	2.3	6	1.7	7	2.2	–	–
合计	681	100	347	100	314	100	226	100

肉类挥发性成分类别（Shahidia 等，1986）

类别的肌肉组织（瘦肉部分）加热产生的挥发性物质种类非常相似，而导致气味差异的物质主要在脂肪部分。例如，猪肉的风味主要取决于脂肪的热氧化反应产生的醛类和醇类。

这些使肉类呈现出层次丰富的香气的物质主要都是在高温烤制的条件下获得的，而水煮肉类产生的挥发性香气则非常微弱。所以，烧烤大理石纹般的五花肉最受欢迎。

那么，大脑中形成评测结果经过哪些过程？

首先，肉类中可溶性物质在口腔中刺激味觉感受器（味蕾），通过味觉神经传导通路将信息传导至大脑中的味觉皮质（位于脑岛和脑盖中的初级味觉皮质和位于眶额皮质的次级加工区）。口腔中有大约一万个味蕾，大部分位于舌头上，可以感知咸、酸、苦、甜、鲜等基本味觉。其中，鲜味是蛋白质丰富的食物，如肉类、贝类、鱼类等具有的特殊滋味，引发的物质比较复杂，包括氨基酸类、核苷酸类和有机酸类等。例如氨基酸类的鲜味是物质谷氨酸，可以由味精（谷氨酸钠盐）提供；核苷酸类鲜味物质肌苷酸在肉类中广泛分布；鸟苷酸主要存在于菌类中；有机酸类鲜味物质琥珀酸钠则在贝类中含量最多。

其次，味蕾是由几十个味觉细胞构成，前端有味孔与外界接触，后端连接味觉神经。每个味觉细胞只对一种味道敏感，而我们感受到的滋味，则是由不同的味觉细胞传递的复合味觉信息经大脑皮质加工整合后得到的。因此鉴别单一味道非常容易，而对味道复杂的食物，不同味道之间有增强（如煮海鲜时加盐可以使鲜味更突出）、减弱（如菜过咸过酸都可以通过加糖来改善），以及改变（如刚品尝过食盐再饮用清水，会发现水有甜味）等相互作用，鉴别和评定十分困难。

肉类恰恰就属于评测十分困难的复合食物——既有本身的可溶性物质，也包括添加调味品所赋予的不同口味。此外，肉的质地（韧度、水分含量等）特征也会影响人的感知（躯体感觉），这也是"口感"的重要组成。

综上所述，对肉类的评测，需要在品尝过程中调动嗅觉、味觉、躯体感觉系统来整合加工因气味、味道和触感的物质引起的信息，最终形成评价印象。从这个角度来说，准确分辨无异于一次艰苦挑战，而外部因素，尤其是程序的设置，会极大地干扰结果，这恰恰是争议焦点。

如何组织一场严谨的食品测试

如果按照严格的测试标准，除了传统的"双盲测试"的要求之外，对评测食物要求也极高，不仅颜色、形状等测试对象的属性会影响测评人员的感知，甚至连包装、容器、食用环境也是构成品尝体验的重要部分。为保证测试的公平性，所有可作为测试种类外部特征线索的信息都要被去掉，例如，在葡萄酒品鉴中，测评者不能看到酒的标签或瓶子的形状，葡萄酒会装在一个黑色的玻璃瓶中，使测评者看不到酒的颜色。

严格的食品测评还应注意如下要求：

1. 单次测评之间是否相互独立。例如，对香气丰富的食物，嗅觉也是影响感知的重要因素，因此如果两种不同类的食物同时提供给测评者，或者间隔很短时间提供，挥发性物质不可避免会相互混合，势必会影响两次评价的独立性。因此两种食物应该间隔一定时间依次提供给测评人员，品尝每种食物后，漱口清洁口腔的过程也必不可少。

2. 测试对象是否具备代表性，是否对需要评价的指标有准确的理解。测评人员的选择是影响测试结果的因素，而这恰恰容易受阶层、环境等影响。在咖啡的杯测中，第一步就是要校正味觉标准：使用训练时的样本进行杯测，统一每位评测员的舌头；对于同一种咖啡，每个人应该给予分数接近的评价，如果过高或者过低，则需要修正自己的标准。

做好这些之后，怎样定量和定性地描述食品测评的结果呢？

在普遍认为成熟的葡萄酒品鉴、咖啡杯测领域，已广泛使用了标准化流程。如美国精品咖啡协会制定推广了 SCAA 咖啡杯测评分表[1]，以满分100 分计，入选咖啡可得到 30 分，然后评委将从 7 个项目、每项满分 10分，来评定每种咖啡的等级。80~84 分称为精品咖啡，85~89 分称为原始精品咖啡，90 分以上称为稀有精品咖啡。经过训练的评委很少会给出低于 80 分或者高于 90 分的分数，也就是每项打分都以 7.25 分和 7.5 分为主。葡萄酒品鉴也使用了相似的计分方式。

为精确描述评测对象的性质，标准化的测评还发展了一套世界通用的描述味觉体验的语言，并将其总结为一个"味道环"。

重要的不是味道，而是情怀

不过，即使看起来如此"精确"，这些测评仍受质疑。食物评测中最著名的对象是葡萄酒，评测结果对葡萄酒的价格、销量有巨大影响，评测本身也成为一个成熟而巨大的产业。

为什么会这样？这与葡萄酒特性有关——它是典型的复合性味道（甜、酸、苦），每一款酒不同味道的比例有细微的差异，鉴定者需要辨识几种味道的平衡；同时，葡萄酒中包含了大量挥发性的芳香化合物，这些主要靠嗅觉而不是味觉被大脑感知，而在品酒的过程中可能要接触数十种酒类，其中包含了上百种挥发性气味的组合，这实在是突破了人类感官敏锐度的极限。

在英国《观察者报》上曾经发表过一篇直指葡萄酒品鉴为垃圾科学的文章。

文章指出，如果使用盲评的方式，选出最佳种类葡萄酒的结果和掷骰子差不多：评委们对同一款红酒多次评价的分数波动巨大（打分属于不同等级）；评委之间一致性低（只有 10% 的评委判断一致）；在一场比赛中获得最高荣誉的葡萄酒，在另一场中却表现不佳；被一部分评委推崇的红葡萄酒，在另一批评委那里得不到重视。文章还指出，外部线索可能对感知判断起到了决定性作用：当把白葡萄酒染成红色时，评委们就会使用"红色浆果味道"；当给酒瓶贴上著名葡萄酒庄园的商标时，评委更倾向于使用积极的词汇来描述这种酒，如味道丰富、回味悠长等类似描述。更关键的是，人们的测评受后天环境因素相当大的影响——日常熟悉的味道，往往影响了测评时的偏好。

一项纳入了 6175 名评测者的综合性分析表明，在盲测时，评价者对酒的评价与酒的价格呈现出微弱的负相关（即越贵的酒，越倾向于被评价为难喝，但这种倾向在统计学上不显著），如果评价者是接受过相关训练的专家，结果会稍好一点——其评价与酒的价格呈现出微弱的正相关。从回归分析数据来看，在一个满分为 100 分的量表上，葡萄酒的价格每上升 10 倍，普通人（非专家）的平均打分会下降 4 分，而专家的打分会上升 7 分。因此，某种程度上，专家的推荐其实并不适合普通人。

为什么会出现这种落差？

因为味觉不仅是一种简单的感知过程，而且是综合了决策判断、价值评估等复杂的认知行为。研究者比较了葡萄酒鉴赏家与普通人在品尝时大脑的活动，发现在初级味觉区，两组人神经活动相似，一旦进入复杂区域——脑岛、眶额皮质和背外侧前额叶——专家表现的活跃程度远超普通人。也就是说，虽然专家未必能够准确区分两种葡萄酒，但他们的确产生了更多的高级认知加工活动。

一项关于可乐的研究也发现了这一点。尽管在盲测状态下人们难以区分可口可乐和百事可乐味道的差异，但一旦出现可口可乐的标签，新的反馈会被激发——大脑高级认知活动中枢立刻更加活跃。而出现百事可乐标签和不出现标签时，大脑反应没有任何区别。

这种现象无法准确概括，也许，这就是"情怀"？

为什么吃不出阳澄湖大闸蟹

回到阳澄湖大闸蟹品尝确认的问题上。事实上，在 20 年前，大闸蟹养殖业还没有兴起，那个时候谈到大闸蟹，人们多认为长江里的才是最好的，而阳澄湖大闸蟹成为"正宗大闸蟹"的代名词是非常晚的事。野生大闸蟹因为营养和水质问题，风味明显逊色于人工养殖的大闸蟹，而阳澄湖因为水质和养殖者的专业技术，逐渐建立起了产地品牌声誉。

螃蟹养殖今天早已成为成熟的产业，据固城湖螃蟹供应商介绍，位于固城湖边的高淳地区是率先开展螃蟹养殖的重要产地，饲养水平与阳澄湖不相上下，甚至部分养殖者的水平更佳。但是由于阳澄湖大闸蟹名气在外却产量不足，很多固城湖产区的螃蟹已被阳澄湖蟹商包销。但这并不是无法鉴别大闸蟹是否产于阳澄湖的关键，而是由于影响螃蟹品质的主要因素是水质和饲养水平。同一湖泊的大闸蟹，会因为不同水域的质量和蟹农的饲养水平和投入，存在可察觉的品质差异。这种差异甚至比产地造成的差异更大。

因此，经验丰富的蟹农声称自己可以评测出螃蟹的优劣，却没有底气说自己可以鉴定出产地，如果这些螃蟹均为优质水域和有经验的蟹农生产，味道并不会呈现可以感知的差异。

注释

[1]SCAA 咖啡风味轮详细解释，请见 https://www.gafei.com/kafeifengweiquxian/20170716106649.html.

大众为什么选择电动自行车

文 | 鲍君恩

电动自行车在马路上连汽车司机都惹不起，但为什么是大众的最爱？

电动自行车在马路上连汽车司机都惹不起，却是很多人的最爱。说它们是机动车，但大多都有自行车式的脚踏板；说它们是非机动车，但它们往往跑得比汽车还快，而且悄无声息。因为电动自行车大都是电力和人力混合动力，所以既可以走非机动车道，又可以走机动车道。

由于掉头速度快、启动时间短，电动自行车拥有随意抢道、变道甚至逆行的"优势"，同时很难遭到处罚，所以电动自行车驾驶者普遍随意闯红灯、钻车缝、不鸣笛、不打灯，再加上电动自行车制动差，成了城市交通事故中经常出事故的交通工具。电动自行车是"肉包铁"，一旦发生事故往往非死即伤。据北京市第二中级人民法院统计，2014 年审理的涉电动自行车交通事故案件中，当事人伤亡率达到了 88%。目前，我国有将近 2 亿辆电动自行车出没于城乡之间。

在美国、欧洲和发明了电动自行车的日本，路面上极少出现电动自行车的身影（大多数属于非法行驶），为什么在中国这么多？

"禁摩"的产物

如果中国各地没有"禁摩令"，两轮电动车肯定还是一种小众代步工具。摩托车由于价格低、速度快、利于出行，在 20 世纪 80 年代中期以后迅速成为中国城市重要的代步工具之一。由于气候原因，南方摩托车更为普遍，盛极时城市大街小巷都是摩托车。

1985 年起，北京开始"禁摩"，此后各大城市相继效仿。2002 年杭州"禁摩"，2004 年广州"禁摩"，时至今日已有 185 个城市加入"禁摩"阵营。各地"禁摩"方式有别，一般大中城市以停止发牌方式逐渐淘汰摩托车，而有些地方则雷厉风行，不管有牌无牌一律禁止。各地施行"禁摩"虽不同步，但理由大同小异——摩托车造成了很多交通拥堵问题和非法营运问题，以及摩托车危险系数较高、影响市容市貌、导致飞车抢劫……综合考量下，实在是非禁不可。

"禁摩"后，收入较高的家庭购买了私家车，虽然所有城市城区道路面积同步大幅拓宽，但道路的修建速度远远跟不上与日俱增的汽车数量，交通拥堵更加严重。而非法营运者也顺势由摩托车改为汽车，照样拉货载客。同时，飞车抢劫事件也没有因为"禁摩"而消失。好在城市管理者及时生产了大批"钩镰枪"（即执法人员制止犯罪的特殊工具），配发给各交通路口执勤的交警、保安、协警，有效抑制了猖狂的"飞车党"。

"禁摩"带来了市容的改变。摩托车过多会严重损害一个城市的形象，为了获取文明城市、卫生城市等荣誉，改变城市形象，"禁摩"不失为一个有效的办法。

电动自行车正是"禁摩"的产物——摩托车的替代品。1995 年电动自行车在中国被成功仿制时，名字上就被归类为自行车——电动自行车，从而有效规避各地对摩托车的限制。1999 年出台的正式行业规范的描述是"以蓄电池作为辅助能源，具有两个车轮，能实现人力骑行、电动或电助动功能的特种自行车"。

这种混合动力的特种自行车诞生之后便急速发展，到 2005 年总产量达到了 900 万辆，加上各地陆续"禁摩"，让这种摩托车替代品的需求发生井喷，到了 2014 年，中国电动自行车销售量已达到 3000 万辆左右。

一开始，它还低调地像个自行车——按照国家标准，电力只作为助力，且时速控制在 20 公里之内，但它名正言顺上道后，便不断进化——目前大多数电动车已经发展到纯电力驱动，原来的脚踏板已是摆设，有的甚至根本没有踏板。

而问题在于这种电动自行车速度已经赶上了摩托车，但制动性能却没有跟上，多数电动车仍采取自行车的刹车方式，紧急制动时极易侧滑和前翻，而且不少人确实把它当成自行车来使用——转弯不打转向灯，夜间行驶不开车灯。驾驶摩托车尚有一定技术门槛，但电动自行车却是史上最容易学会的代步工具，甚至不会骑自行车的人都可以骑着它走街串巷。

电动自行车比摩托车更让城市管理者头疼。"禁摩"相对容易，只要通知不给摩托车加油即可，禁电动自行车却很难，因为没法阻止电动自行车使用者给电瓶充电。虽然北京、太原、广州等大城市都发布了"禁电令"或"限电令"，但电动自行车远比"禁摩"前的摩托车数量多，交警根本管不过来，一些明令禁电的城市，电动自行车依然畅行无阻。除非使用对付飞车党的办法，给交通管理者普遍装备"钩镰枪"，否则电动自行车很难禁止。但这种做法并不现实。

2亿辆电动自行车，绝大多数属非法——按照国家标准，电动自行车重量少于40千克、时速小于20公里，超过这个标准的则属于机动车，车主必须考驾照、上牌照、买保险。但现实情况则是车主在市面上买到符合标准的电动车后，只需稍加改装，时速便可达到50～60公里，个别的甚至可以飙至140公里，远超125cc排量的摩托车最高时速。

上亿辆非法交通工具在路面上行驶，对城市管理、交通安全产生了非常大的困扰。即使明知违法，为什么仍然有这么多人骑电动自行车?

运力不足的公共交通

在部分发达国家，城市道路上并没有如此多的摩托车或者电动车，原因在于国情不同，我国人口多、公共资源少的特质，尤其是公共交通运力的不足，决定了电动自行车大行其道的现状。以公共交通最发达的北京、上海为例，人们出行如果选择公交车，由于地面拥堵，平均时速低于10公里，不要说电动自行车，甚至赶不上自行车的速度。地铁虽然能保证速度，但也未必方便——乘坐地铁到达目的地后往往还要面临"最后一公里"，于是共享单车应运而生，但它带来的占用公共资源、浪费其他资源，又产生新的问题，此处不表。

除了公交车和地铁，在发达国家的大城市，如东京、纽约等地还有相当数量的轻轨、有轨电车，纽约地铁1056公里的轨道总长度虽已远远超过面积人口相若的北京市区，但地铁只是轨道交通的一小部分。在我国，除公交车和地铁外，公共交通几乎没有别的选择。这还是在大城市，至于没有地铁、公交线路少的中小城市，人们出行时如果没有代步工具，基本只能靠双腿。

中国公共交通资源不足很难说是财政原因，在改革开放后中国各地拿出了大笔财政收入建造立交桥和高速公路，对于成本相若的公共交通却无力改善，这显然说不过去。

以欧美国家要求中国或许不太公平，但在经济欠发达的巴西，库里蒂巴市开发的造价相对低廉的快速公交系统（BRT），由于使用大容量公交车和专用封闭车道，运行效率极高，承担了75%的市民出行，甚至有28%的人选择放弃私家车改乘公交。中国早在2005年也开始引入快速公交系统，目前有近30个城市建立了快速公交线，但大都不了了之——由于各地道路资源非常有限，封闭的专用车道反倒影响了交通效率。据网易2010年调查，广州网民竟有90.17%对快速公交感到不满。

只要城市规划无法改动，在公共交通上投入再多也是白费力气。而城市规划变动消耗巨大，会极大影响地方政府的财政，增添包袱的同时还减少了收入。

公共交通资源不足必然会导致电动车乱象吗？倒也未必，我们曾白白错失了一次最好的治理机会。

摩托车或许是更好的选择

如果上述那些"禁摩"城市的管理者去台湾考察一次，或许会有新的启发。

台湾摩托车保有量目前已超过1500万辆，据IMF2011年调查，台湾平均1.6人就拥有一辆摩托车，人均拥有量全球第一。即便私家车越来越普遍，摩托车的地位也难以撼动，仅台北市就有约 80% 的家庭同时拥有汽车和摩托车两种交通工具。

台湾并没有很早就完成城市化进程，也没有很早就建立好完备的公交网络系统，台湾是在经济起飞过程中迅速吸纳农村人口完成了城市化，狭窄密集的街巷很难建成发达的地面公交系统。摩托车占地面积小、通行便利，当然会顺理成章地变成台湾人最喜欢的代步工具。

那么如此庞大的摩托车保有量会不会造成交通混乱？当然不会，因为摩托车的道路占用面积远小于汽车，为减轻汽车对道路交通的压力，城市管理者甚至鼓励市民使用摩托车作为主要的交通工具。摩托车确实存在一旦出现交通事故更易导致人员伤亡的问题，为此城市管理者为摩托车划分了专属车道，在所有路面都有清楚标识。

为降低车辆左转时可能存在的风险，道路上特别为摩托车设置了"两段式"的左转标识，并在红绿灯路口汽车专用道的前面，画出了摩托车专用等待区域，考虑到摩托车比汽车起步快的特征，让摩托车优先于汽车通过。

给予摩托车出行以极大便利的另一面是严格的准入门槛。中国台湾的摩托车考证制度效仿日本，将摩托车纳入有效管理，在时间和成本上并不会让摩托车驾乘者选择逃避监管，只要达到了驾驶摩托车的标准，获取摩托车驾照非常容易。

2018 年 6 月，北京市政府意识到了违规电动自行车的危害，对违规电动自行车发布了限售令，短期来看这个政策在交通环境的治理上会起到很好的效果。不过禁止了电动自行车上路，一定会有类似的替代品出现。我们应该学习先进城市的管理经验，在努力发展公共交通的同时，找出适合的管理办法。

为什么中国女性热爱贴面膜

文 | 吴松磊

面膜已成为中国女性居家旅行的必备"良药"，但它对美容护肤究竟有多大用处？为什么广受中国女性欢迎的贴片式面膜，在欧美的超市里却很难找到？面膜到底是怎么火起来的？

有几个中国女性没贴过面膜呢？根据 AC 尼尔森的数据，2015 年中国面膜市场规模保守估计将达 300 亿元人民币，在一年内能消耗 28 亿张面膜，足够贴满 8 万个足球场。在中国，面膜是美容护肤品中当之无愧的王者，淘宝指数"美容护肤"类的成交排行中，面膜稳坐第一，比第二名到第四名加起来的总销量还高。

但是，中国女性习以为常的面膜却并不怎么受西方女性待见——日前欧

搜索排行	成交排行		统计时间：20150907—20150913

品类排行	品牌排行	行业排行

热销品类词：为该类目标下，最近一周的热门品类词《按成交量排序》
涨幅：为最近一周与之前一周成交量的比较　　　　　　　选择地域：全国

美容护肤

排行	热销品类词	涨幅	热销指数 ▼
1	面膜	↑24.09%	936.403
2	洗面奶	↑7.98%	390.478
3	乳液	↑19.99%	289.527
4	洁面乳	↑3.90%	173.227
5	面霜	↑47.96%	169.540
6	精油	↑37.31%	124.349

淘宝指数"美容护肤"类的成交排行

洲只有 30%～44% 的女性使用面膜，这还是近两年欧美面膜市场大幅增长的结果，2013 年，欧美国家在全球的贴片面膜市场仅占 2%，而且其中还有很大一部分是泥膏型面膜。

遍布欧美的"中国扫货团"横扫各类服饰包包往往面不改色，但他们在超市里很难找到一片面膜。只有反复和售货员强调"sheet mask"（片装面膜），才可能被带到冷冷清清的日本面膜货柜前。

在美容化妆一切都很新潮的今天，为什么中国女性如此热爱贴面膜？

以白为美

答案很简单："以白为美"的审美文化导致了面膜大行其道。在古代农业社会，绝大多数人都在户外劳作，皮肤越白的人就意味着离劳动越远，社会地位越高。这一现象并非中国独有，在西方文明的重要发祥地古罗马也有着同样的"白美文化"——博物学家老普林尼在《博物志》中就对古罗马的美白产品有详细描写：牛奶和杏仁配制的润肤乳，亚麻油和牛脚脂肪制成的香膏，以及用来搽脸的铅粉。

铅粉的美白效果强大且直观，即便出现了大量铅中毒、神经麻痹甚至胎死腹中的案例，铅粉美白在全球范围内仍流行了近两千年，直到 19 世纪末才被各国陆续禁止。但对于许多为了美白不惜代价的女性来说，砒霜也成了一个选择——为了满足市场需求，19 世纪的化妆品厂商推出了外用的砒霜皂和内服的砒霜片，一度大受欧美市场的欢迎。

20 世纪则出现了更专业的美容院服务。1907 年，一家名为 Pomeroy 伦敦小型美容院的年收入达到 21000 英镑；而同时期的美国 Marinello 公司每年研发出近 50 款美容产品，培训上万名专业美容师；1925 年的埃伦斯堡日志中提到，美国已经有接近 3 万家美容院和超过 10 万名的女性从业人员。

在激烈的市场竞争下，各种神奇的美白产品也被研发出来。抽气降低气压的美容面罩，把脸石膏化的美容面具，包得严严实实的防晒斗篷……美国人民为了女性的美白事业贡献了各种各样的奇思妙想，其中就有现代贴片面膜的雏形。

不过，随着工业化程度加深，美白很快就不再流行。大多数人的工作环境变成了工厂车间和办公室，白皮肤失去了特权色彩，取而代之的是小麦肤色——欧洲大陆日照较少，足够有钱又有闲的人才能去海滩度假晒太阳。但这种流行无法在东亚获得市场。东亚地区日照充足，女性天生肤色较深，晒黑的皮肤难以清晰地展现社会地位。例如，还在现代化进程中的中国，仍然存在大量户外体力劳动者，"一白遮百丑"仍然是不可动摇的审美。另外，东亚人的五官相对扁平，不像高加索人的五官那么立体化，晒黑之后反倒会降低颜值。

面膜的流行，正因为美白是中国女性的共同追求，但美白可以有多种选择，为什么面膜成了首选？

"神奇"的美白利器

在广告商的强势轰炸下，女性不可能不喜欢面膜。除了"深度滋养""去黄祛斑""美白嫩肤"等功能性的宣传，"法国臻品葡萄蜗牛黏液""纯净圣地新西兰奇异果提取物"和"穹顶之下的高海拔美肌"更让人有捡到武功秘籍的快感。

不过，在面膜的精华液配方中，80％的成分只是水和防止水分蒸发的保湿剂。剩下的20％中，增稠剂、乳化剂维持黏稠的液体效果；稳定剂维持酸碱平衡；香精和色素让面膜更香更白；防腐剂抑制细菌繁殖。保湿剂和"去黄祛斑""美白嫩肤"没有什么关系。为了能在宣传中突出"美白功效"，广告商研发了"皇家基因肽作用因子"等功效成分。这些功效成分多为维生素、多糖和各种提取物，几乎每一种面膜所含的提取物都不一样，随便看看几十种面膜的成分表，就能发现多达百种的不同提取物。

白花木瓜	仙鹤草	东当归根	金盏花	川谷籽	茅瓜根	人参根	圣地红景天根	细叶益母草	积雪草
库拉索芦荟叶	银耳	朝鲜紫茎叶	马齿苋	夏雪片莲鳞茎	水仙	小米草	油橄榄叶	高山火绒草	燕窝
水解咖啡黄葵	雪莲花	三叶木通茎	甜茶	黄连根	牡丹根	茵陈蒿花	银杏叶	沙棘果	中华猕猴桃
茯苓	白芨根	海藻	桑树皮	芍药根	白菊花	欧蓍草	香蜂花叶	茴香果	枣果
橄榄油	核桃树	雪耳	桦木汁	冷香玫瑰花	鱼子	绿豆	绿茶	八角茴香	柿子
橘子皮	蘑菇	蜗牛黏液	樱花	白睡莲	白果槲寄生浆	甘草黄酮	玉竹	覆盆子	无花果

面膜包装上常见的成分

在讲究"稀有材料"和"高山产地"的今天，人参根和燕窝已显得过于普通，吸引不了女性的注意力，鱼子提取物和蜗牛黏液提取物才能让她们多看两眼。但真正有杀伤力的还是"在河内贡品石胆上生长着的野生竹精华""来自泰国普吉岛海洋深处的 AAA 级海藻"和"超低温临界萃取富士山新鲜樱花汁液"。

如果找不到足够"霸气"的精华液材料，厂商还会在面膜基布上做文章，"天丝面膜""蚕丝面膜""冰羽灵膜布"这种仙气四溢的名字足以唤起某种情怀，"3400 米高海拔观音茶纤制成的高原活性抗菌物质草珊瑚素面膜布"则让用户来不及看完全名就已刷卡下单。但大多数面膜基布用的都是无纺布工艺，主要成分是棉、麻、丝、聚丙烯（PP）、锦纶（nylon），采用机械、热粘或化学方法加固而成。无论"天丝""蚕丝"，还是"以黑吸黑"的"竹炭面膜"，都只是在无纺布基础上染色的成果。

好的基布材料当然能提升面膜的整体效果，比如用葡糖醋杆菌发酵制成的生物纤维，最早在医学界用作人造皮肤，亲肤性、伏贴性、持水性都强于无纺布工艺的面膜基布，但它的价格相对稍高，也很难与"美白"联系上，自然不是"蜗牛黏液"的对手。

在以白为美的审美驱动下，很多女性几乎每天都有"哎呀，今天皮肤好差，敷片面膜补补"的冲动，但她们似乎从来没有关心过一个问题——面膜是如何起作用的？

敷面膜敷的到底是什么

除了美白，面膜的基础功能是清洁和保湿。通过基布隔离空气，促使皮肤升温、毛细血管扩张，同时使水分浸润角质层，达到保湿的目的。通过促渗设计，面膜中的功效成分——精华液也得以渗入皮肤。那么，这些功效成分（精华液）究竟能不能做到美白嫩肤？

答案是：效果微乎其微。这些成分如果能被皮肤吸收，的确能起到一定的作用，但遗憾的是，绝大部分功效成分绝无渗入皮肤被吸收的可能。

皮肤之所以能阻止细菌和有害物质进入，主要屏障是皮肤外层由死亡细胞构成的角质层，但它也同样把面膜中的功效成分阻挡在外。想要通过角质层，只能在细胞间隙的脂质双分子层扩散，这意味着直径大于 40 纳米或分子量大于 1000 的成分都被挡在门外。

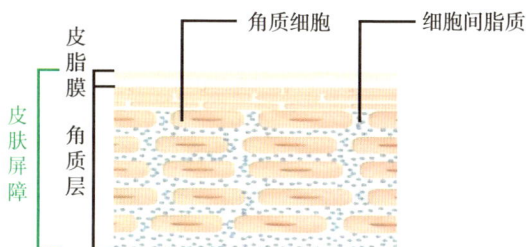

角质层结构示意图

一个典型的例子就是胶原蛋白，这种几十万分子量的大分子糖蛋白除了能给皮肤表面带来黏糊糊的触感，无法带来任何实际效果。即使加入促渗剂和改良成分以增加脂溶性，面膜中超过 99% 的成分也只能停留在皮肤最外的角质层。无论是玻尿酸、蜗牛黏液，还是奇异果提取物，都只能在皮肤表面发生作用。

　　实际上，面膜是一款只作用于角质层，几乎不影响真皮层的产品。这意味着，在天花乱坠的功效中，面膜只有基础的清洁、保湿功能是真正实现的。事实上，由于面膜极其简单的功能和低技术含量的制造工艺，它的行业门槛甚至比开一家小饭馆还要低。在某宝上可以找到大量的面膜定制厂商，他们不仅能生产贴片面膜，甚至还能提供包装设计、营销方案、独特配方、网站注册甚至是公司注册等一站式服务。

　　"产品需求收集，提交实验室，打造独有专属配方！一客一方！""20 万片面膜可当天交货！""大部分产品的外观、状态、色泽、香型都可按客户要求调。""您只需要一个想法，剩下的都交给我们！"……激烈的市场竞争和丰厚的利润让这些生产商能为客户提供异常便捷的"一条龙"服务。

　　只需要平均每片不到 2 元的成本，就能收获属于自己"原创"品牌的面膜产品。"原创"品牌甚至连仓储和物流都不需要考虑，只要把订单发给厂商，他们就能帮你发货。生意如此红火，又几乎没有门槛，让许多明星也加入卖面膜的大军中。这无疑导致了面膜市场的混乱，我们甚至很难总结出价格和质量的线性关系，贵的产品不一定更优秀，而便宜的也能基本完成"任务"。

　　这就是贴片面膜，在社交网络和各种新鲜卖点的攻势下，女性一次又一次地把它们贴在脸上，想象着更好的自己。

中国人为什么热爱嗑瓜子

文丨吴松磊　陆碌碌

嗑瓜子在世界范围内是极小众的爱好，为什么在中国如此流行？瓜子是如何成为国民零食的？今天的中国人民还热爱瓜子吗？

即使日本人和韩国人能说一口流利的汉语，若想假冒中国人也很容易被识别出来——只要你往他面前扔一把瓜子，看他嗑瓜子的熟练程度，就知道他是不是中国人。

中国人为什么这么热爱嗑瓜子？其他国家有类似的饮食习惯吗？

"啮齿动物王国"

全世界都有把坚果作为零食的喜好。因为富含蛋白质、油脂、维生素和矿物质，坚果是人类在自然界可获取的最佳食物之一，它对人类有着天然吸引力。由于覆有坚硬的外壳，取食坚果也很适合打发时间。中国人传统上很少吃松子、开心果、扁桃仁（巴旦木）、榛子、腰果等坚果，因为除新疆盛产扁桃仁外，今天全世界最通行的坚果，要么像腰果、开心果一样国内不出产，要么像松子、榛子一样因为与农地冲突很难推广。

但坚果中的瓜子，除中国外，只在俄罗斯、土耳其等极少数国家流行。瓜子为什么流行于中国？最常见的解释是，中国人需要以此消磨时间，在漫长而无所事事的农闲时光里，人们养成了嗑瓜子的爱好。

相比瓜子，其他坚果虽然品质大都明显更优，但即使在各自的原产地，也因为价格问题很难像瓜子一样上升为与闲聊相伴的零食。譬如，整个中亚地区都盛产扁桃仁等优质坚果，是聚会时不可缺少的零食，但远达不到中国人嗑瓜子的普遍程度。由于嗑瓜子与闲聊之间不可分割的刻板印象，嗑瓜子成了"不务正业"的代名词，文艺作品中对此也有所渲染。老国产影视剧中，刻薄的小人物通常更喜欢嗑瓜子。频繁出现于语文考卷的丰子恺《吃瓜子》一文中，更是把嗑瓜子上升到国民劣根性的高度。

然而，"无所事事才嗑瓜子"这种解释并不靠谱。相比其他零食，瓜子的确适合消磨时间，但不是只有中国人需要消磨时间，在与中国文化相近的国家，如韩国和日本，却见不到这种现象。

问题是，中国人是怎么开始嗑上瓜子的？

和今天风靡各地的葵花子不同，最早占领中国人口腔的是西瓜子。早在清末，法国传教士古伯察就发现，中国各地人民都在长时间、高密度地嗑瓜子，"你会以为自己来到了一个啮齿动物王国"。根据古伯察的记录，中国瓜农甚至让人们免费吃西瓜，只为了获取西瓜子。大众对于西瓜子的偏好，也得到了市场的印证。民国时名噪一时的瓜子大王"好吃来瓜子"，甚至改革开放后最早商业化的"傻子瓜子"，出售的都是西瓜子。

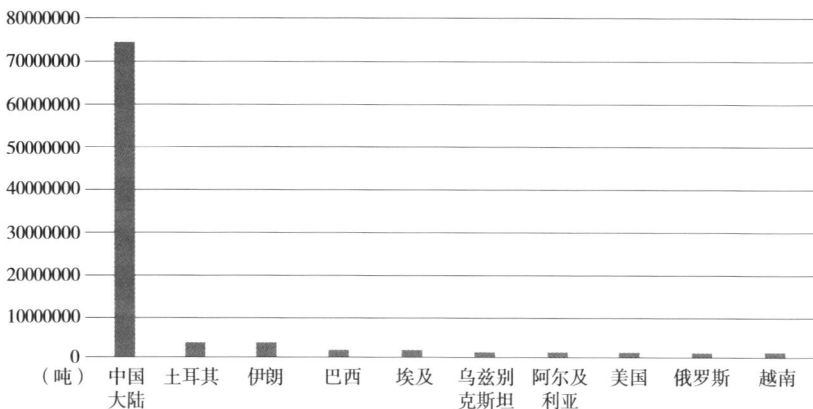

来源·联合国粮农组织统计数据库。

2014 年全球排名前十的西瓜生产国

西瓜子流行的背后，是中国人对于西瓜本身的热爱。西瓜最初由古埃及人栽培，10世纪经由中东传入中国北方。1143年，赴金归来的南宋使节洪皓将西瓜引种至南方。在明代的《本草纲目》中，西瓜已"南北皆有"。而同一时期的西方世界，西瓜却不那么受欢迎。尽管摩尔人的入侵将西瓜带到了欧洲，但也许是气候相对寒冷，西瓜在欧洲并不流行——1615年，西瓜（watermelon）这个单词才在字典上首次出现。至于从欧洲移植到美洲，则要等到更晚的时期。现今，西瓜在中国更是大受欢迎。2013年，中国生产了7294.3万吨西瓜，占全球西瓜生产量的67.4%，其中仅有6万吨西瓜出口。再加上28万吨进口量，平均每个中国人拥有108斤西瓜。

西瓜之所以能在中国发扬光大，除了多地昼夜温差适合西瓜生长和发育，更重要的是中国人对于"消暑"的需求。西瓜显然是"消暑"的最佳食物。西瓜有90%以上的含水率和6%的含糖率，在如此高水分含量的甜味水果中，只有杨梅和葡萄可以与之匹敌，但无论是保鲜能力还是易运输能力，西瓜都远远强于二者，在古代的运输条件下也仍然能以新鲜状态运抵远地。

在食物匮乏的时代，连西瓜皮都被开发成菜肴不能浪费，富含油脂、蛋白质的瓜子被开发成食物实属正常。考虑到中国长期是世界人口最多的国家之一，发现食物的能力自然非同一般。而且并非只有中国人嗜食西瓜进而爱上嗑瓜子，土耳其人在这方面同样表现出众。2013年，土耳其人均西瓜占有量为104斤，与中国不相上下，两国人均西瓜消费量相当于其他所有国家之和。土耳其同样也是极为罕见的全民消费瓜子的国家。

因为西瓜，中国人养成了嗑瓜子的习惯，不但嗑西瓜子，也嗑南瓜子。

从西瓜子到葵花子

很长一段时间，大嗑西瓜子的中国人不知葵花子为何物。向日葵原产北美，直到15世纪末哥伦布登上新大陆，向日葵才开始被西班牙人引种到欧洲。向日葵传入中国更晚，随着 1556 年西班牙人在菲律宾的殖民，向日葵才和玉米、土豆一起，作为美洲农作物经由南洋传入中国。

葵花子糕点。在国外，葵花子多以仁的形式出现。

和一传入就大受欢迎的西瓜不同，向日葵在中国长期被作为观赏植物栽培，仅被零星种植。直到 1930 年，在黑龙江《呼兰县志》中才发现了首次成规模栽培向日葵的记载。此时，民间已开始食用葵花子，但受种植面积影响，葵花子流行范围非常有限。

东北之所以成为最早大面积种植向日葵的地区，除了气候环境适合向日葵生长外，很大程度上是受到了俄国的影响。向日葵从欧洲传入俄国后，也一度作为观赏植物存在。但由于油料作物匮乏，俄国人很快发现，向日葵是极佳的产油原料。为了不再向南欧进口橄榄油，俄国人在向日葵上投入了极大热情。十月革命后，苏联建立了全苏油料作物研究所，向日葵的产量和含油率都得到了大幅增长。鼎盛时期，苏联种植了 7500 万亩向日葵，产出了全球 2/3 的葵花子油，同时也让苏联人民爱上了嗑瓜子。随着 1903 年连接中俄的中东铁路通车，向日葵也被俄国人带入东北，当时人们管这种舶来品叫"毛嗑"。

但中国真正开始大规模种植向日葵，是因为 20 世纪 60 年代初的困难时期和随后"以粮为纲"年代导致的油料短缺。1977 年，全国油料作物总产量为 401.7 万吨，比 1956 年的 508.6 万吨还低 21%。1978 年向日葵被列入国家油料种植计划，在高密度的生产会议和技术培训下大获成功。1978～1980 年的三年间，北方六省的种植面积由 382 万亩增长至 1227 万亩。

省份	1978年		1979年		1980年	
	面积（万亩）	总产（吨）	面积（万亩）	总产（吨）	面积（万亩）	总产（吨）
黑龙江	89	60520	81.4	49245	377	2750000
吉林	136.4	104345	139.1	103805	224	195000
辽宁	111.6	41290	132.6	66300	254.4	131015
河北	8.49	4690	10.15	6735	49.39	27160
山西	6.69	3490	12.25	7375	48.78	31850
内蒙古	30	15000	85	51000	274	200000
总计	382.18	229335	460.5	284460	1227.57	3335025

1978～1980 年北方六省向日葵种植情况

油料作物	1949年	1956年	1978年	1985年
全国油料作物	100%	100%	100%	100%
其中：花生	49.5%	65.6%	45.6%	42.2%
油菜籽	28.6%	18.1%	35.8%	35.5%
芝麻	12.7%	5.8%	6.2%	4.4%
向日葵	0.6%	1.1%	5.3%	11%
胡麻	4.2%	6.4%	4.3%	3.4%
五种油料作物合计	95.6%	97%	97.2%	96.5%
其他油料作物	4.4%	3%	2.8%	3.5%

1949～1985 年主要油料作物产量在油料作物总产量中所占比重

相比扁平的西瓜子，葵花子不仅更容易嗑开，而且油脂含量更高，味道更香也更吸引人。另外，普通的食葵品种每亩可产出 200 千克以上的葵花子，而中国顶级的"靖远大板"籽瓜，每亩也仅能产出 80 千克以内的西瓜子。虽然仍有不少人习惯嗑西瓜子，但从 20 世纪 70 年代末开始，葵花子迅速压倒了西瓜子，但由于工业化生产的葵花子跟满大街的现炒葵花子相比并无优势，而西瓜子的复杂的生产加工环节，更适合工业化生产的袋装销售，所以早期工业化生产的瓜子大都是西瓜子。

但 2000 年末的"毒瓜子"事件让西瓜子丢失了最后一块疆土。从浙江省卫生厅查获近 200 吨含矿物油的瓜子开始，各地方陆续检测出大量表面含有矿物油的瓜子。这种让瓜子富有光泽且不易受潮的矿物油被频繁报道，让人们丧失了对西瓜子的信任。随即，在 2000 年 12 月，卫生部对瓜子矿物油问题的批复引发了各地方对西瓜子的密集检测。

瓜子的没落

在全球化时代，瓜子为什么没能成功地向国外输出？因为相比其他坚果，瓜子实在没什么优势。

瓜子之所以能从其他坚果中脱颖而出，是因为成本足够低，无论西瓜还是向日葵，最初大规模种植都不是为了瓜子，因此作为副产品的瓜子本身就是一种额外收入，比起其他费时费力专门为之的零食，成本要低得多。和瓜子同生态位的对手只有一个——花生。作为和向日葵同一时间传入中国的重要油料作物，花生也被大面积地推广种植，食用花生也因此流行开来。不过，花生和瓜子的单价相差无几，但从单位时间来说，更大粒的花生不如瓜子省钱且更容易感到油腻。

20 世纪 80 年代后，瓜子进入鼎盛时期。因为当时中国已经取得了人人都吃得起瓜子的巨大进步，以至于电影院、公园等公共场合，经常会在醒目位置提示禁止携带零食，因为只要有人群停留的地方就会留下一地瓜子皮。但是，在 85 后的印象中，只有商店才有瓜子卖，而每个电影院、学校、公园、候车室、博物馆门口都蹲守着卖瓜子的摊贩，早已变成遥远的传说——街头巷尾突然不再满地瓜子皮，这个"素质"上的巨大进步，实在是富裕的原因。

当年一两售价几分钱到一角钱的瓜子，你从街边摊贩的手中接过时，甚至能透过用废报纸折成的三角包装感受到刚出锅不久的温度，今天很少有人能接受如此不卫生的零食。虽然袋装瓜子要干净些，但嗑瓜子实在是个需要手与口熟练配合的技术活儿，如有其他替代，它非常容易失去年轻消费者。过去的 10 年间，中国坚果炒货市场从 200 亿元增长至 640 亿元，主要动力来自人们对巴旦木、山核桃、碧根果、夏威夷果等高端坚果的消费热情。而最近 5 年，中国袋装瓜子收入增长了 50%，然而这正是瓜子市场剧烈萎缩的结果，由于瓜子消费需求不断减弱，不足以支撑遍地铺开的现炒零售方式，原来消费场景只限于列车和开会的袋装瓜子，终于成为瓜子的主流消费方式。

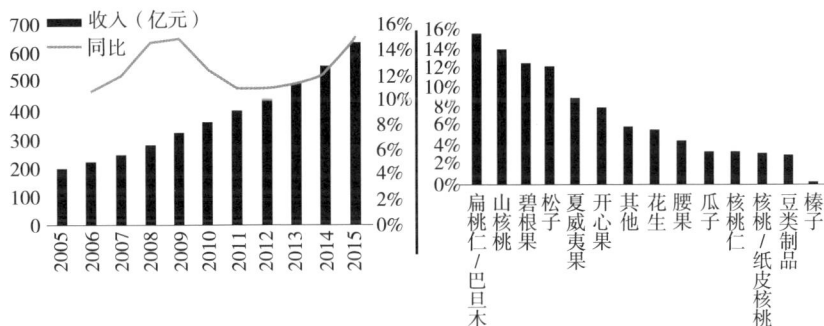

左图为 2005～2015 年坚果炒货行业收入变化；右图为 2015 年坚果炒货主要品类销售额占比。

由于中国多数耕地（包括坚果种植区）没有实现工业化，只能依靠人力种植采摘。所以，很大部分坚果都来自进口。即便价格比瓜子高出一截，也不能阻止其他坚果逐渐成为传统年节国人桌上的常物。

乾隆的诗为什么风评不高

文 | 吴 余

乾隆是中国历代皇帝中最爱写诗的，他写了那么多首诗，还自认不错。可在今人看来多是"烂诗"，那么，他的诗是如何遭人嫌弃的呢？

中国历代皇帝中最热爱舞文弄墨的，莫过于清代乾隆皇帝。乾隆不仅是小吃题名专业户，还是中国历史上作诗数量最多的人。据统计，现存乾隆的诗共计 43584 首，几乎抵得上一部《全唐诗》。

乾隆晚年朝服像

对于这样的成就，乾隆自己颇为得意。在生命的最后一年，他骄傲地宣称："余以望九之年，所积篇什几与全唐一代诗人篇什相埒（相等），可不谓艺林佳话乎？"只可惜，乾隆的"艺林佳话"在当代彻底崩坏了。今天谈起乾隆，无论谈论者是否真的具有文学鉴别能力，乾隆的诗作与品位都已沦为笑柄。

怎样以正确的姿势把乾隆的诗"批判"一番？

正确"打开"乾隆诗的方式

乾隆的诗多但品质不算太高，对于大多数文史爱好者来说已是共识。只是他的诗到底不佳在哪儿，长期缺乏正面回答，流行的解释大多难以成立。例如，互联网上长期流传着一些所谓的乾隆诗作，被视为水平低劣的"铁证"：

一片两片三四片，五片六片七八片。

九片十片十一片，落入梅花都不见。

远看城墙齿锯锯，近看城墙锯锯齿。

若把城墙倒过来，上边不锯下面锯。

其实，这些诗句并不见于乾隆的《乐善堂全集》与《御制诗集》，不过是虚构的段子，与乾隆根本没关系。

还有一种看法则从数量下手，直观地认为乾隆作诗既然如此之多，质量自然难以保证。然而，南宋大诗人杨万里一生作诗两万余首；陆游历来被称为爱国诗人，但爱国题材只占其诗歌总数的一小部分，晚年更是把诗当日记写，传世近万首中一半以上是晚年高密度创作，甚至留下了"洗脚上床真一快"的败笔。但他们的地位仍远超那些精雕细琢一辈子的诗人，可见创作数量与其总体水平没有必然联系。

那么，乾隆的诗究竟如何评价？回答这个问题，需要以传统诗学来考察其数量庞大的存世诗作。长期以来，只有钱锺书在《谈艺录》中做过专业的点评。钱锺书指出，乾隆诗的技术特征包括好用"当句对体、对仗纠缠堆砌"等。而他对乾隆最激烈的恶评，则针对其滥用虚字的毛病："清高宗亦以文为诗，语助拖沓，令人作呕""兼酸与腐，极以文为诗之丑态者，为清高宗之六集"。

钱锺书为何对乾隆如此反感？滥用虚字又怎样影响了其诗的艺术性？

这得从"语助"和"以文为诗"两个概念说起。传统文学中的"虚字""语助"是指文章中无实际意义、用于强化情感和逻辑关系的字词，如之、乎、者、也、其、或、所、以，等等。在中古之前，最常见于史传、策论、序跋之类的散文文体，如《兰亭集序》中便大量运用虚字。

早期唐诗绝少在中间两联运用虚字。自唐中期以后，"以文为诗"理论兴起，提倡用散文句式写诗，运用范围才逐渐扩大和发展。在这类诗里，虚字能起到强化语气、衔接逻辑的作用，使叙事和议论流畅自如。如苏轼的《石苍舒醉墨堂》，就是其中上品：

> 人生识字忧患始，姓名粗记可以休。
>
> 何用草书夸神速，开卷恼忆令人愁。
>
> 我尝好之每自笑，君有此病何年瘳。
>
> 自言其中有至乐，适意无异逍遥游。
>
> …………

然而到了乾隆这里，"以文为诗"彻底走偏。乾隆写诗极爱用散文句法，晚年所作的诗几乎无一不用虚字。但这种技巧运用与语言美感完全不搭边，如下面这些《御制诗集》里的作品：

> 慎修劝我莫为诗，我亦知诗可不为。
>
> 但是几余清宴际，却将何事遣闲时。

> 以书记起用，古有今则无。
>
> 有之祗一人，曰惟观承夫。
>
> …………
>
> 然仅能如此，诚亦蒿目予。
>
> 徒以莅任久，稍与姑息俱。
>
> 未至大狼藉，何必吹求吾。
>
> 成全良已多，讵非佳事乎。

本朝善治河，靳辅齐苏勒。

斌实可比靳，弗徒保工急。

至其于齐也，有过无不及。

惟是闭三坝，自信过于力。

…………

这些只有格式像诗的文字，要么像老太太的裹脚布一样拖沓无聊，要么就是类似于"然仅能如此""自信过于力"这样的句子，让人一眼看穿是尴尬的强行凑句。难怪被钱锺书称为"极以文为诗之丑态"，对其深恶痛绝。

那么乾隆为什么会把诗写成这样？

事实上，滥用虚字只是乾隆诗体崩坏的缩影。中国古诗的一大特长是善于描写意象，融情于景，一首诗的诗意很大程度上取决于此。然而在乾隆晚年的诗作中，意象描写完全被边缘化，很多作品通篇没有一个意象，连赏花观池之作，都写成了流水账、发牢骚和端着架子讲道理：

往岁山庄八九月，桂先菊后例观之。

秋迟回跸早如昨，桂菊却怜两负期。

池上居诗不可无，识将岁月以详乎。

明来昨往今非住，老至壮过幼更徂。

设曰鲜民惭视彼，惟斯育物未忘吾。

对时中有权衡在，肯作吟风咏露徒。

但乾隆偏偏对这种写法极为自信，甚至公然宣称"拈吟终日不涉景，七字聊当注起居"。

明白了这一点，就不难理解乾隆为何滥用虚字，其作品又为何遭人恶评。乾隆完全不在乎营造意境，只顾把自己的各种感想写成五言或七言的句子，只能用大量虚字来组织句法、凑字凑韵。这样的诗自然无诗意可言。他发来发去的感想，无非是勤政爱民、谦虚自省、关心民生等固定套路，内容单调无聊，句法又滥俗拖沓，再加上一天几十首的批发产量和自我感觉良好的姿态，实在很难不遭人嫌弃。

除了前面的几种观点，还有人用"词臣代笔说"来攻击乾隆的文学水平。不过，既然《御制诗集》里的作品已如此不堪，不堪之处还都高度相似，再追究个别诗句是否由词臣润色或代笔，实际上毫无意义。被今人视为不佳的上述特征，其实是乾隆有意追求的结果。

乾隆写诗进化史

与多数人的偏见不同，乾隆自幼便接受了顶级的汉学教育，年轻时反而不乏水准之作，如下面这首古体诗：

秋阳皎皎秋风起，千山万山收红紫。

南苑平芜晓色寒，游丝白日长空里。

我从前岁罢秋围，经年未到南海子。

重来历历忆旧游，真教见猎心犹喜。

…………

事实上，乾隆的诗完全遵循着越写越倒退的退化规律。有研究者按时间顺序阅读乾隆每年元旦时的诗作，结果发现，乾隆早年与晚年对诗的态度大为不同。在登基后的前几年里，他创作的诗歌数量极少，到乾隆十年（1745 年）之后，数量才逐年提高。乾隆诗的早期风格更类似于传统的唐代宫廷诗体，而前述的烂诗的特征到晚年作品中才较明显。其滥用虚字的习惯则是自乾隆二十年（1755 年）才越发严重起来的。可以说，乾隆最一般的诗几乎全是晚年作品。

难道是因为他当上皇帝后越发自我膨胀而荒废诗艺了吗？恰恰相反，他常在诗文里写到检视旧稿时的反思心得。其诗歌风格的变化，正来自长期的学习和思考。而他学习的对象都是文学史上鼎鼎有名的大家，如杜甫、元稹、白居易等。乾隆最敬仰的诗人是杜甫，曾在多个场合表达其敬意。不过，乾隆对杜甫优点的认识并非句法格律的工巧，而是其每句诗都能体现忠君爱国的政治立场。与之相比，李白则因自由散漫遭到恶评："李杜劣优何以见，一怀适己一怀君。"杜甫有一类作品，因反映了当时的历史事件而被称为"诗史"，尤其得到乾隆推崇。乾隆晚年自道其作诗宗旨："予向来吟咏，不为风云月露之词，每有关政典之大者，必有诗记事……方之杜陵诗史，意有取焉。"也就是说，乾隆的诗之所以只顾叙事说理而不顾描写意境，甚至把每天批奏折的感想写成流水账，正是因为学习了杜甫"诗史"的成果。

乾隆晚年诗作的另一特点是在记事的诗句后附上长长的脚注，详细注明相关事件。如《富春山居图·子明卷》中，"去岁清黄异涨逢"一句后的脚注长达 215 字。

在创作实践中，乾隆最喜欢的诗人是元稹和白居易，集中体现在诗集中数量庞大的追和与模仿作品。在《乐善堂全集》与《御制诗集》中，乾隆追和白居易诗共 20 题，追和元稹 9 题共 111 首；标题写明模仿元稹者 6 题 86首，模仿白居易者 10 题 59 首。需要说明的是，元稹和白居易的诗歌都是以句式通俗浅白、内容强调政治教化而闻名的，素有"元轻白俗"之说。乾隆将这种理念更进一步，便造就了其"题韵随手拈，易如翻手成"的批发式作诗法和复述文件般的诗句。

不难发现，乾隆学习杜甫与元、白的动机具有高度的政治性。乾隆写下这些诗，既是要用诗的形式向大清臣民讲政治，也是要让后人看到他一生的功劳和德行，千万不能像李煜那样的亡国之君。乾隆对文学政治的敏感性，集中体现于他在位时多达 135 起的文字狱里。内阁学士胡中藻的诗里有一句"一把心肠论浊清"，乾隆怒斥其"加浊字于国号清之上，是何肺腑"，终将他满门抄斩。因此，面对这位学诗学到走火入魔，但又掌握着大义名分、颇有理论自信的皇帝，词臣们能做出的唯一合理的反应，便是拼命赞美皇帝的诗作水平。如大学士纪晓岚肉麻地吹捧道：

"自古吟咏之富，未有过于我皇上者……是以圣学通微，睿思契妙，天机所到，造化生心。如云霞之丽天，变化不穷，而形容意态，无一相复；如江河之纪地，流行不息，而波澜湍折，无一相同……"

钱载、翁方纲和刘墉等人，还大量创作模仿"御制体"的诗与乾隆唱和。皇帝看到词臣们争相采用自己的写作技巧，自会认为他们的赞赏并非客套奉承，写起诗来更加坚定。

为什么中国人爱用风油精

文 | 吴松磊

风油精是中国人止痒的常用办法之一。为什么风油精有这种神奇功效？中国是如何实现全民使用风油精的？

谁家没有一瓶风油精呢？2014～2016年，仅水仙和白云山两个品牌就售出了3.2亿瓶风油精，差不多国人每家一瓶。风油精的魅力并不奇怪，无论感冒头晕肚子痛，这种几块钱一瓶且能用好几年的风油精都能派上用场。

风油精最无法替代的功效就是止痒。

止痒的秘密

风油精为什么有这种神奇功效？这要从"痒"的原理说起。

我们被蚊子咬了会奇痒难耐，这并非蚊子的本意。为了防止血液凝固以方便吸血，蚊子会通过口器注射含有抗凝剂的唾液，人的免疫系统一旦感知到这种抗凝剂，便会启动保护机制释放组胺。蚊子叮过的部位会出现红肿，即是因为组胺会引起毛细血管扩张，增加血管通透性，让白细胞等免疫成分通过血管，清除外来的蛋白质。随之从血管内渗出的组织液就会造成红肿。过量的组胺，也会激活对其敏感的C神经纤维，使我们的神经发出"痒"的信号。

因此，要缓解痒感，既可使用抗组胺类药物，削弱组胺对C神经纤维的刺激，也可使用类固醇药物，通过收缩血管、降低血管通透性等消除炎症，缓解红肿。

然而风油精中并不含这些物质。2016年国家药典委员会新修订的风油精质量标准中，明确规定了风油精的主要成分为薄荷脑、水杨酸甲酯（冬青油）、樟脑、丁香酚和桉油。其中，薄荷脑和桉油可以激活负责感受温度的神经细胞，使人感觉到"凉"。水杨酸甲酯又能刺激皮肤，带来灼烧感。这种双重刺激足够强烈，足已压倒对"痒"的感知，使人产生消痒的错觉。

对于头痛、头晕等症状，风油精的疗效也是同一原理，都是用额外的刺激替代不适感，类似于短暂麻醉，并不能对病情好转提供帮助。至于口服风油精，作为明确写在风油精说明书上的用法，不仅毫无用处，而且有相当的危害——水杨酸甲酯有着不小的毒性，对儿童来说，摄入超过 4 毫升就有致命可能，早期的风油精配方中，甚至加入了毒性更强的氯仿。

风 油 精

【处方】	薄荷脑	320g	樟脑	30g
	桉叶油	30g	香精油	100g
	丁香酚	30g	叶绿素	适量
	液状石蜡	适量	水杨酸甲酯	260g
	氯仿	30g		
全量				1000g

【制法】取薄荷脑与樟脑，加液状石蜡适量溶解后，再加入桉叶油、水杨酸甲酯、丁香酚、氯仿、香精油与叶绿素，混匀，静置 24 小时，取澄明液，即得。

【性状】本品为淡黄绿色或淡绿色的澄明油状液体；有特殊的香气，味辣，有清凉感。

【鉴别】取本品 1 滴，加乙醇 4ml，摇匀，加三氯化铁试液 1 滴，即显紫色，渐变为紫褐色。

【检查】比重　应为 0.955~0.975（中国药典二部附录 13 页）。

【作用与用途】刺激药。有消炎、镇痛、清凉、止痒、祛风作用。用于伤风感冒引起的头痛，头晕与牙痛，蚊虫叮咬等。

【用法与用量】外用　涂擦于患处
　　　　　　　口服　一次 4~6 滴

【规格】每瓶 3ml

早期风油精说明书，图上可见成分中含有"氯仿"。

尽管如此，风油精这种"曲线救国式"的疗法仍然广受欢迎。它的用户群体并不限于中国人，还与蚊虫分布高度相关。越是适宜蚊子活动繁殖的地方，越容易产生对类风油精产品的需求，比如气候适宜、空气湿润的东南亚。

风油精是何时走出中国，拯救饱受蚊虫困扰的东南亚的呢？

"德国风油精"

事实正好相反：东南亚才是所有类风油精产品的起源地，产自新加坡的鹰标风油精，是今天中国流行的风油精的源头。据传，1960 年 3 月，Borden 公司在新加坡成立，同年发售的"鹰标德国风油精"（Eagle Brand Medicated Oil）是它们的第一款产品。在其官方叙述中，是由德国科学家 Wilhelm Hauffmann 在 1935 年发明了风油精，瓶身设计也源于当时巴黎流行的香水瓶。1960 年，风油精的新加坡经销商 Tan Jim Lay 买下了风油精配方和品牌，创立了 Borden 公司。

这段品牌故事的可信度并不高，不仅因为故事中提到的德国科学家 Wilhelm 查无此人，更因为风油精配方在当时并不算什么秘密。早在 Borden 公司成立 50 年前，就有一款和风油精同样使用薄荷脑和冬青油作为核心成分的产品风靡东南亚——虎标万金油（清凉油）。1908 年，胡文虎兄弟继承父业，共同经营缅甸仰光的药局永安堂，招牌产品就是万金油。在医疗资源匮乏的 20 世纪初，这样一款万能药油的成功几乎没有悬念。胡文虎迅速成为仰光首富，开始把目光投向广阔的东南亚市场。1926 年，永安堂总行迁往新加坡，1932 年迁至香港。十几年间，虎标万金油成功横扫东南亚，在新加坡、马来西亚、印尼、泰国和中国华南地区都建立了稳固的生产销售网络。

大量模仿者随之产生，和兴白花油和斧标驱风油是其中的佼佼者。相比于万金油的软膏形态，液体状态的白花油和驱风油更便于涂抹，窄瓶口

早期虎标万金油

的设计也让用户可以准确控制用量，提升产品的耐用程度。它们的玻璃瓶外形也区别于圆盒装的万金油，让人容易从直觉上认为是两种产品，以避免和如日中天的万金油直接竞争。白花油和驱风油都在新加坡大获成功。很难想象鹰标风油精是从德国科学家处购买配方，还没参考这两款成功产品。而且与它们相比，鹰标风油精诞生得实在过晚。"二战"后，药油市场已经被一批长于营销、品牌形象稳固的老字号瓜分完毕，"新玩家"露头困难。

好在越南人拯救了它。"二战"前，止痒药油之所以能在东南亚快速普及，离不开由新马泰、印尼的香港华侨构成的贸易网络，虎标万金油也得益于此，在各国完成了市场启蒙，催生了各类药油。越南正好不在这一贸易网络里，直到战后越南的药油市场仍是空白，没什么止痒药油可用，完全错过了万金油时代。第一个来到越南的就是鹰标风油精。与几十年前万金油在缅甸的待遇一样，风油精很快成了越南人人手一瓶的"国货"，随后的越南战争也帮助风油精传到其他国家。

直到今天，新加坡生产的鹰标风油精也仍然以海外为主要市场。但中国不同，我们早就用上了虎标万金油。那么是什么原因让中国人转换了消费习惯，转投较晚诞生的鹰标风油精呢？

模仿的幸运儿

如果虎标万金油能在中国正常发展，风油精将毫无机会。但虎标万金油并没能做到这一点。1950年，由于多种原因，虎标万金油在市场上消失，此后中国陷入长期的资源匮乏，没有余力顾及蚊虫叮咬这样的小问题。直到20世纪70年代末期，才有企业想要重新开发止痒药油市场。

这家企业是福建漳州香料厂。1976年，在"文革"中失去了一万多株芳杳植物的漳州香料厂，试图以一款新产品恢复生产。新产品的原型就是鹰标风油精。制造成分主要为香料的风油精，对他们来说并不难搞。同年10月，漳州香料厂就注册了"水仙牌"商标，开始把风油精推向市场。这是一次相当精确的像素级模仿，不但是成分和名称，外观也做到了尽可能相似——无论是原版的阶梯式玻璃瓶身，还是为了外观加入的叶绿素，都被水仙风油精成功复制。水仙风油精也不负厚望，仅两年年销量就超过了 800 万瓶，投产10 年内共售出了 2.17 亿瓶（见《漳州文史资料——漳州名优特产专辑》）。

依靠先发优势，水仙风油精建立了稳固的销售网络，漳州香料厂也因此在 1998 年成功转型为水仙药业，成为上市公司青山纸业的子公司。被它带入中国的风油精，也逐渐变成了国民止痒药品。

然而，重回药油大家庭的国人也因此失去了止痒升级的好机会。在万金油问世百余年后的今天，靠刺激性作用来止痒的药油早已成为过时产品。在美国、欧洲、日本等地区，早就研制出一大批利用抗组胺或类固醇成分来达成真正的止痒、消炎目的的药膏，并占据了止痒药的主流市场。在欧洲，安全无害的局部麻醉剂更流行。

但那些加入药油网络的东南亚国家，至今仍然沉浸在刺激性止痒的传统里不愿走出来。日本最有名的止痒药生产商池田模范堂，甚全专门针对香港、澳门、马来西亚、新加坡等地出品了不含真正有效成分的"无比膏"。他们在中国台湾推出的"无比止痒消炎液"，则含有类固醇成分地塞米松，与日本本土的止痒药品成分相仿。

无比膏		无比止痒消炎液	
I- 薄荷醇	3.92g	地塞米松	25mg
dl- 樟脑	5.83g	苯海拉明盐酸盐	2.0g
水杨酸甲酯	3.75g	I- 薄荷醇	3.5g
		dl- 樟脑	1.0g
		甘草次酸	0.2g

* 每 100g 所含有效成分

为什么辣会流行

文 | 黄章晋　l_Isaak

中国人为什么越来越嗜辣？因为只要人口可以大规模流动，大众饮食的口味，总是贫穷地区更容易向富裕地区传播。

湘、川、云、贵及江西部分地区偏好辣味，为何近年这些以辣为特征的地方菜会盛行全国？《壹读》不久前刊发了一篇《重口味胜利的逻辑》，用相当长的篇幅进行了归纳梳理。文章对为什么西南和中南内陆地区的人民会嗜辣，提出了一个非常新颖的解释：

按照西南大学历史地理研究所蓝勇先生的发现，如果将重辣口味的版图与《中国年太阳总辐射量图》进行对照，重辣版图背后的秘密就水落石出了。四川、湖南、湖北以及江西部分地域，换言之，长江中上游的大部分地区恰好与太阳辐射年总量低于110千卡的热量区相重合。那里的人之所以重口吃辣，是因为晒不到太阳。

为什么辣会在全国流行？文章的解释是"吃辣比甜、鲜的成本低，时间成本也更低"：

①因为"鲜"是高成本的，而"辣"是低成本的。麻辣可以掩盖食材的新鲜度。

②品出鲜味，更需要食客分分钟钟都有一种悠然从容的心境，这在当下显然是一种相当奢侈的要求。

③依然居于全国第二口味的甜，其实更多的是正餐之外的甜，是餐后甜点，是街头巷尾的各种台式甜品。甜被从正式餐桌的主要环节中剥离了出来，而成为一种单独的点缀。

这些分析是否靠谱，或许应当先从其归纳的两个现象是否准确、完备来分析。

人口流动与口味流行

其实，这篇文章试图解释的两个现象，并非中国独有，而是世界性现象：

· 地区性嗜辣的现象

中国嗜辣地区远非前述的川、云、贵地区，陕西、宁夏和甘肃部分地区同样嗜辣，甚至新疆亦是如此，只是这些地区以面食为主，不但未发展出复杂菜式，甚至很多地方炒菜都很少，与西南和华南内陆地区相比，它们不易给人留下嗜辣的强烈印象。

谈到嗜辣，全球著名的当属墨西哥，此外，印度、巴基斯坦、韩国、东南亚等国家和地区的人均有强烈的嗜辣偏好。南亚、东南亚和墨西哥均属日照强度很高的地区。如果中国西南和华南内陆嗜辣是因为日照强度不足，那么，日照强度最低的北欧应该是世界上最嗜辣的地区。日照强度假说给人的荒谬感，或许来自对地区嗜辣现象本身归纳梳理不足。

· 为什么中国人越来越流行嗜辣

这同样不是一个正确的归纳。中国人越来越嗜辣的问题其实等价于为什么中国人会越来越流行吃兰州拉面、新疆烤串、沙县小吃、东北饺子。

全国范围内大规模流行的并不只是前述嗜辣地区的饮食，还有上述的流行食品。此外，虽然不那么引人注目的一些食品同样也占据了大片江山，譬如安徽小笼包。

中国人越来越嗜辣的问题，同样还等价于为什么美国人越来越爱吃中餐、德国人为什么越来越爱吃土耳其烤肉、英国为什么越来越流行吃印度咖喱、法国越来越流行阿拉伯的"古斯古斯"……

这些现象其实也可以概括为，为什么不发达地方的口味会如此流行？

中国人越来越嗜辣，本质上只是大众饮食文化传播普遍现象中的一个子现象而非全貌，其实可以这样概括：大众饮食文化的传播和流行方向，总是从劳务输出地区向劳务输入地区流行，而劳务输入地区的饮食却很难在劳务输出地区大面积流行。无论是中国还是全世界范围，以中低端餐饮为特征的流行饮食文化，总是来自劳动力大规模输出的地区，它的强度取决于输出的人口比例。这种人口流动传播饮食文化有很多典型历史案例，譬如山东移民对东北饮食风味的影响，山西移民对内蒙古饮食偏好的影响，陕甘回族的人对新疆饮食的影响。

贫穷地区向富裕地区输送的劳动力，最容易找到的就业机会是服务业，而餐饮业又是服务业中最能吸收劳动力的，而新移民最擅长的不是适合本地人口味的饮食，而是家乡的饮食。2010 年第六次人口普查的数据或许非常容易给我们直观印象，中国户籍人口流出比例超过 10% 的省市一共有 6 个，按比例由高到低依次排列如下：安徽、江西、重庆、贵州、四川、湖南。属于嗜辣地区的四川、湖南、湖北、重庆、江西、贵州、云南七省市，向外输出人口 3684.2 万人，占全国向外输出人口总数的 43%，他们覆盖了中国所有地区，所以我们能非常容易感觉到全国都在嗜辣。

安徽虽以 962.3 万人占据中国人口输出第一省份，但他们主要集中在以上海为中心的长三角地区，由于多数安徽人经营的餐饮集中在不易显露菜系特色的早餐，以及它与长三角饮食相对接近，所以远不像嗜辣地区的餐饮那么引人注目。与之相似的还有人口流出总数高达 862.2 万的河南。新疆维吾尔族人虽然绝对流出人数并不高，但他们除了卖烤串、干果等特色饮食，几乎没有进入其他的服务业，所以即便这个人群占了极少数，但也改变了中国人的饮食习惯。特别值得强调的是兰州拉面和沙县小吃，两者在全国的流行范围之广、覆盖程度之高，与人口输出规模完全不成比例，它并不完全是当地劳动力就业路径依赖的结果，更有地方政府以小额贷款、技术培训甚至统一供货渠道等手段强力推动的原因。

　　据统计，2009 年上海就有近万家兰州拉面馆，经营者中，青海化隆人占 70%、河南人占 20%，兰州人则凤毛麟角——相对富裕的兰州人缺少在异乡开店的冲动，所以部分兰州人会抱怨外地人败坏了兰州拉面的名声。

英国街头随处可见的印度餐馆

　　为什么经济发达地区的饮食文化只能占据较高端市场且在小范围内流行？答案非常直观：吸收了大量外来劳动力的广东、上海、北京、浙江、山东等地，少有本地人愿意跑到外地开餐馆——开在外地的粤菜、沪菜、北京烤鸭乃至山东菜馆的定位，几乎都是中高端的。而发达国家流行发展中国家的饮食，是因为在美国，华人、墨西哥人、意大利人、印巴人、越南人到处开餐馆；在德国，土耳其人遍地开餐馆；在法国是北非阿拉伯人，在英国则是印度和巴基斯坦人——但同样不会看到美国人在中国到处开餐馆、德国人到土耳其开餐馆、法国人跑到北非开餐馆、英国人到印度或巴基斯坦开餐馆。

　　人口总是从经济落后地区向经济发达地区流动，因为越是经济发达地区，就业机会越多。但不是不存在特殊的相反例子，西藏就是这样的典型，像拉萨这样的城市已经完全四川化和西北化。

我们熟悉的上海菜以浓油赤酱、口味较重著称

移民深刻改变本地原有口味最好的例子是上海。上海原处于口味清淡的淮扬菜和浙江菜势力范围，但我们熟悉的上海菜却以"浓油赤酱、口味较重"著称。崇尚口味清淡的浙江人未必稀罕今天已获得高端地位的上海菜。上海菜明显比周围邻居口味更重，答案或许应当从它曾是中国外来移民比例最高的城市中找，即来自重口味地区的大量移民——譬如苏北菜和安徽菜，相对于淮扬菜和浙江菜来说明显更为重油重色，它改变了苏南和浙江移民口味相对清淡的底色。

那么，人为什么会嗜辣，不同地区为什么会有重口味和清淡口味之别？答案见下篇。

为什么有的地方口味重，有的地方口味清淡

文 | 黄章晋　I_Isaak

口味偏好的原因是什么？为什么有的地方口味重，有的地方口味清淡？
口味偏好存在"穷人重口味，富人淡口味"之别吗？

口味偏好的原因是什么？

川菜的口味特征可用麻辣来描述，贵州菜可用酸辣来描述，湖南菜则可
用干辣来描述，但很难用最简短的词描述兰州拉面、沙县小吃、天津煎饼、
麦当劳、肯德基的味道。如广东菜、潮汕菜之类，更不可能用特别简短的词
来概括其味道特征。

从传播学角度来说，特征越是单一、鲜明、强烈的东西，辨识度越高，
越容易在同类中获得更多注意力。辣或许是我们能感知的味道中辨识度最
高、刺激性最强的，以辣为特征的菜系很容易优先获得人们的注意，让人们
得出中国人口味在变辣的结论。

而粤菜、潮汕菜这类味道丰富细腻微妙的饮食，无论怎么扩张，我们都
很难用"某某味道征服国人的胃"这样的话来概括。与之相似的还有欧洲葡
萄酒与北京二锅头之间的区别，尽管品酒师和经销商们发明了无数似是而非
的词来形容葡萄酒精妙无穷的口味，事实上除了古怪的酸涩之外，没有人能
说得清它的味道，而形容二锅头的"辣"就直截了当得多。

神圣万能的辛辣

什么是辣味？《重口味胜利的逻辑》这篇文章也给出了经典的科普解释：

辣其实并不是一种味觉，而是一种类似触觉的感觉。辣椒素是直接刺激口腔黏膜和三叉神经而引起的一种被烧灼的疼痛感，与纯粹依靠味蕾来转换刺激信号的甜、酸、苦、鲜等其他味觉有着根本的区别。辣带给我们神经的刺激与被火烧灼伤时热的痛觉是同类。

既然辣是一种疼痛，嗜辣又是怎么回事？有科学家提出用 benign masochism（良性自虐）的理论解释为什么人类喜欢辣椒对口腔产生的疼痛、灼烧感——当人类吃下一口辣椒时，趋利避害的本能告诉我们自己正身处危险之中，然而理性又告诉我们自己很安全，这种安全享受危险的感觉，能给人带来极大的快感。这和一些人喜欢玩过山车或者看恐怖电影是同样的道理。从效用上说，辣是调味品中最具有遮蔽性的味道——请想象一下在大闸蟹、高级刺身和鱼子酱中加入红辣椒后的味道。它确实是所有追求丰富细致味觉菜式的敌人。但如果想弱化食物中不喜欢的味道，大约找不到比辣椒更便宜、高效的办法了。

所以，人们通常倾向于从辣椒的效用上解释为什么有的地方嗜辣。譬如，有人认为嗜辣除了刺激食欲，主要是用来掩盖食材不新鲜的味道。但我们今天已很难从中国嗜辣地区找到这一用途的可信证据。不过在嗜辣的印度南部，我们倒是可以看到它重要的效用：这些地方虽被算作稻作区，但有些地方的穷人实际上经常要食用木薯、芋头之类带有气味的食物，如果没有以辛辣著称的咖喱，这些粗糙的食物确实难以下咽。在 17 世纪辣椒传入印度前，咖喱的特点就是辛辣且香味浓郁，只不过辛辣味由姜黄提供，辣椒传入后，它立即成为咖喱中提供辛辣味道的主力。印度每个地方都有不同的咖喱配方，但辣椒和姜黄的地位是固定不变的。

辣椒几乎在同时传入了中国与印度，从传入中国到被广泛接受，正好与清中叶人口大规模增长、生活水平不断下降同步。而川、贵、两湖、赣这些地区在辣椒传入中国时，刚刚经历了大规模移民迁入，即"江西填湖广，湖广填四川"。在饮食偏好被打碎重组，且处于食物不断匮乏的地区，或许比其他地方更容易广泛接受辣椒。

不过，以辛辣的效用来解释地域性嗜辣偏好，最多只能说明两者之间具有某种相关性，很难得出类似于"日照强度决定一个地区是否嗜辣"这样的因果结论。某个原因会导致更容易接受辛辣，不等于接受辛辣就一定是这个原因。另外，形成某个口味偏好有时完全不需要任何实际效用，只需要旁边有一个偏好强烈到已上升为文化的邻居。譬如，印度北部的小麦耕作区，有些居民的饮食带有北方游牧民族祖先的习惯，他们喜欢的饼和奶的"正宗"吃法都与咖喱无缘，食物中也鲜有印度南方那些难以下咽的东西，但这些入侵者的后裔甚至会把咖喱加到牛奶中，只不过口味要比南方清淡一些。

民间对辛辣口味的效用解释更不可信。所谓吃辣防潮祛湿这种说法，非常符合拟物思维下人们对世界的观察，但民间口口相传的经验观察是非常不靠谱的，譬如，东北过去曾用"一猪二熊三老虎"为猛兽排行，若真是如此，动物学家集体失业了。吃辣防潮祛湿折射的其实是中国传统哲学，而印度人认为辛辣可以调身体、养肠胃之类，折射的则是印度哲学。印度有些说法与中国正好相反，比如姜的刺激性之于毛发的关系，中国人认为涂抹姜可以刺激毛发生长；而印度女性涂抹姜黄的一个功能则是抑制毛发。民间对口味偏好的功能解释很容易上升到文化高度。在印度，咖喱中的姜黄，因为历史最悠久且在各地咖喱中均是最重要成分，被上升到驱邪、驱魔的高度，在印度传统医学中几乎是万能的，它的黄色也被赋予特殊地位。毛主席喜欢吃辣椒，经常把辣椒当作阐述革命思想的工具，最著名的就是那句"不吃辣椒不革命"（见人民网文史频道《毛泽东的饮食观：不吃辣椒不革命》）。

"穷口味"与"富口味"

不同地区相似的口味偏好，有时确实有相似的外部环境规律。工业革命前，腌制、熏制、发酵是保存食物的有限手段，越是无法保证任何时候都可获得新鲜食材的地区，越偏好大量使用腌制、熏制、发酵食物；而偏好辛辣等刺激性风味的地区，往往是过去相对缺少优质食物来源的地区。如果一个地区具备上述两个特征，它形成的口味很容易被认为是重口味的。在物流便利或优质食材相对丰富的地区，确实会形成较少使用刺激性调味品的饮食偏好，往往更容易将食材能否体现原汁原味上升为烹饪的审美标准。

　　但这并不一定都意味着烹饪讲究原汁原味的地方，一定就比烹饪时相对重口味的地方富裕。譬如内蒙古人传统的羊肉烹饪方式，都是清水里撒一把盐煮着吃，讲究新鲜和原汁原味；而哈萨克族人除了水煮，也偶尔烤制。到了中亚再往西，羊肉多烤制，同时会加入大量调料，并且越是富裕发达地区越是如此。刺激性调味品可以增强食欲，通常对富有的人来说，这不是一个值得追求的目标（但古波斯的贵族们也曾把食量当成男子气和勇武的象征），把原汁原味与重口味上升到富人与穷人格调差别的，也是上层社会人士。公元前 4 世纪的古希腊美食家阿切斯特拉图（Archestratus），以六步格诗的形式留下来的《奢侈人生》，可算这种"腔调"的最早代表。曾走遍整个古希腊

在古罗马，更多的调味品象征身份与品位

世界的阿切斯特拉图相信，高端的烹饪必须奉行极简主义，选用最好的食材并配以最少的作料，而偏爱调料则被他视为"极端贫困的标志"。奶酪这种希腊人常用的食物放在鱼里，会被他认为是对其原味的玷污。当时的希腊上层社会，由于哺乳动物主要用于祭祀神祇，所以大众认为哺乳动物是下等人才会吃的东西，上等人应该吃鱼。所以阿切斯特拉图存世的62段诗中，有48段和鱼有关。当然，他认为鱼应当保持原味，只能撒一点孜然及少量的盐。

但是，如果辛辣刺激的调味品是稀缺物，格调或许会反过来。生活在公元元年前后古罗马的贵族阿毗丘斯（Apicius）留下了一本叫《关于烹饪》的指南。书中500份食谱中，有400份是关于调味汁的——疆域辽阔的罗马人有机会接触和获得远方各种香料，于是更多昂贵的调味品就成了身份和品位的象征。

尽管由各种香料混合而成的咖喱是印度穷人下饭时必不可少的帮手，但对中世纪的欧洲人来说，香料则是昂贵的奢侈品。直达印度的海上路线被打通后，欧洲上层社会人群立即变成重口味的拥趸。当时一本食谱这样记载：30克胡椒、30克桂皮粉、30克生姜粉及四分之一个丁香和四分之一个藏红花即可做成万能酱料，"可以和所有食物搭配"。这个贵族调料配方比印度穷人的咖喱配方口味要重得多。直到香料变得便宜，咖喱味在欧洲才不再是高端象征，但仍以富人的口味传到日本——受印度影响喜欢吃咖喱的英国人，在当时日本人眼中是值得全方位效仿的富人。不过经过欧洲人二次传播的咖喱落户日本后，已经顺应了日本口味，变得非常清淡了。

另外，很晚才出现的川菜、湘菜，在其形成之初都是口味清淡的——两者都始于官宦私家菜，川菜得益于淮扬菜、杭帮菜和更早的满洲厨师，而湘菜则得益于江苏菜、潮汕菜（见大象公会微信公众号文章《美食的政治经济学》）。当两者走出豪门，与本地大众口味相结合时，才逐渐开始变得重口味。而且正宗的成都菜馆是不那么辣的，真正辣的川菜其实是下河菜，它或许是穷吃重口味，富吃淡口味的注解。

穷吃重口味，富吃淡口味

今天，在高端西餐中重口味已无处可寻，西餐评价体系又一次回归了阿切斯特拉图的极简主义烹饪哲学，甚至对于神户和牛、鲷鱼刺身等高端食材，烹饪流程已经被全盘抛弃，生吃才被认为是对这等食材的起码尊重。当然，这个前提是已经不会有什么新的口味，从地球的某个角落突然冒出来，忽然成为只供少数人把玩的极品美食——就像胡椒和辣椒刚被欧洲人发现后的一段时间一样。

中餐的整体评价标准似乎与西餐评价标准的变迁并不同步，而且中国并未出现显著的口味收入差别——如果只吃中餐，在北京月薪三千和月薪三万的人，吃的东西基本不会有太大的差别，二三线城市更是如此。

南北

为什么旅游街都大同小异

文 | 伍 雯

为什么每座城市都有一条深受本地人鄙视而外地游客云集的旅游街?

左图为西安回民街;右图为成都锦里

　　从北京的南锣鼓巷到上海的田子坊、南京的夫子庙,再到杭州的河坊街、成都的宽窄巷子,每一座城市都有一处或几处这样的街区。

　　尽管被标注为本地文化特色,但来这里的游客最后往往只能看到与别处旅游街差不多的景象,买到大同小异的网红小吃和义乌小商品。发朋友圈时如果不记得备注地点,朋友很可能无法认出你去了哪里。为什么每座城市都会发展出这样的旅游街?为什么这些风土文化悬殊的城市,旅游街的业态和产品却是大同小异?

旅游街为谁而开

2016 年,北京南锣鼓巷主动申请取消 3A 级景区资质,并勒令关停多家"低端业态"店铺，以求改变旅游同质化、过度商业化的现象。时至今日，情况虽有所改观，但与之前的状况相比，并没有很大差异。

这也是旅游街共同的问题。在本地人眼里，作为城市文化窗口的旅游街往往性价比不高，不能代表地方特色。尤其是千篇一律的鸡排、烤肠、臭豆腐、冲兑奶茶、完全不正宗的冒名小吃等，严重败坏了本地食物的声誉。食物之外，各地旅游街贩卖的纪念品也多有雷同，不外乎古色古香的茶杯、布鞋、扇子、明信片以及仿古兵器等玩具。还有一批专供旅游街的"老字号"，提供统一的怀旧风情。如果该地常有外国游客，还能看到典型的中国元素大杂烩，从仿古钱币、瓷器、小型兵马俑到十八般兵器，不一而足。

除了食品和商品，街景的相似度也不低。除苏州山塘街、黄山屯溪老街等少数保留了较多清代以来的遗迹外，多数历史街区都经过大规模改造，开满店铺后和新造的仿古街无甚差别。只要砌起乌瓦白墙，装修

福州三坊七巷的保护改造中，引入地产投资，旅游商业发展良好，但因古建筑风格失真等问题，成为中国历史文化街区保护的争议性案例。

天津武清区的佛罗伦萨小镇

成旧式门脸，就算凑齐了"老××"元素。当然也可以是西洋式样或少数民族风情，但街头的炸鸡排和义乌小商品，足以轻易将它们各自的伪装扒得一干二净。

中国的旅游街为什么会发展成这样？这要从它的诞生说起。

虽然各地历史文化街区都声称自己历史悠久，但它们成为今天的旅游

上海田子坊

街，只能追溯到 20 世纪 90 年代后期，与土地财政的兴起、大规模城市改造以及 1995 年实行的双休日制度是同一时期。随着国内大众旅游需求的提高，引入商业功能发展旅游业成了旧城改造中能较快提升地块价值的方式，引

起了各地的注意。1996～1999 年，上海率先开展了针对石库门老建筑群的改造项目——"上海新天地"和"田子坊艺术街"。这两处成了后来各大城市历史街区改造的样板。

尽管相对于让居民整体动迁后再开发的"新天地模式"，居民自主参与开发的"田子坊模式"更受规划专家的认可。但无论哪种模式，商业开发都是其主要方向。经济规律下，原生态街区景观的消失实属必然，因其居住功能都必然会被商业功能取代。对本地居民而言，随着房屋商业价值提升，对外出租作商铺能获取最大经济利益。另外，商业化的氛围使得街区不再适宜居住，本地居民只能选择搬离。

然而，虽然商业化是旅游街开发的主导方向，但遍地炸鸡排、大鱿鱼却并非政府规划之初的愿景。各大城市在建设旅游街之初，都曾努力营造街巷风貌，展示城市特色，也有意识地进行细致的针对性招商。但为什么旅游街依旧丧失个性，沦为网红小吃和义乌小商品的重灾区？

2000 年和 2002 年丽江古城主要街道门面的变化

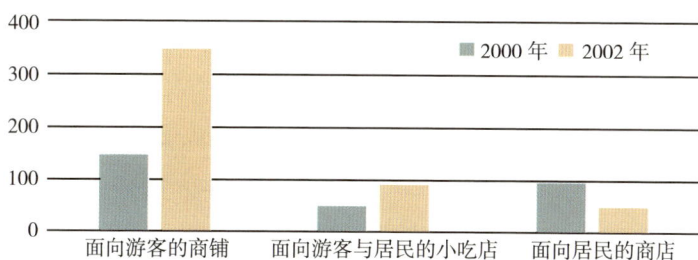

数据来源：保继刚，苏晓波.历史城镇的旅游商业化研究 [J]. 地理学报，2004（03）:427–436.

随着丽江古城 1997 年申遗成功后游客大幅增长，大量居民住房被转作商铺，且多是面向游客的小吃和酒吧，而面向居民的商铺却不增反减。

城市	旅游街	风貌	开发经过	定位
上海	新天地	20世纪二三十年代石库门建筑风貌	1999年开始地区改造，2001年对外营业。政府监督，由开发商运作，完全转为商业和娱乐	国际交流和聚会的场所
上海	田子坊	20世纪二三十年代石库门建筑风貌	1998年，由艺术家驱动。2004年，政府与原居民、商铺业主签订开发改造协议，鼓励居民自发参与升级改造	文化创意产业集聚地
北京	南锣鼓巷	元至清棋牌式格局、晚清风貌	2005年，政府正式介入南锣鼓巷的保护与发展，并借助民间资金与组织，发展文化旅游、艺术品交易、文化创意等产业。	文化创意产业集聚地
苏州	平江路	唐宋以来的城坊格局、晚清风貌	2002～2004年，实施平江路风貌保护与环境整治工程，基础设施和老房子维修耗资1亿多元。	居住为主，文化气息浓郁的休闲区
杭州	河坊街	清末民初风貌	2000年开始由政府进行开发，保留老字号外，以招租、联营、拍卖形式引入商业。	仿古商贸旅游街，展示杭州古都风情
成都	锦里	明清风貌	2004年开街，由成都武侯祠博物馆恢复修建，国资控股，市场化运作。	仿古商贸旅游街，展示三国文化与成都民俗

部分旅游街规划定位及初步开发经历

旅游街商铺生存指南

从根本上说，中国旅游街呈现如此形态，是商业规律决定的。只要成为旅游街区，巨大的人流量就意味着极高的商业价值，进而抬升店铺租金。2008 年后，北京南锣鼓巷名声大振，店铺租金随即暴涨。50 平方米左右的店铺，从最初月租几千元涨到 2017 年的 10 万元以上，反观五道口、国子监附近的店面，租金不到其五分之一。

国内的游客虽然人数众多，人均消费能力却并不高。据国家旅游局的抽样调查，2017 年上半年，国内旅游人数 25.37 亿人次，城镇居民人均花费 973 元，农村居民人均花费 589 元。也就是说，中国旅游业的支柱人群，并不是嫌弃旅游街的大城市中产和文艺青年，而是来自二三线城市和农村的普通大众。从他们并不富裕的手里获得足够的收益，远不如想象中容易。在严酷的生存环境下，本地人认可的地方特色，或地方政府规划的文化空间都很难幸存。唯一的生存法则，就是将人均消费不高的巨大人流量变现为极高的毛利率。因此，商家往往只能主打绝对本钱较低，但是利润空间较大的低质量产品。若服务在及格线上，则难免会出现高价宰客的现象。

那么，哪些商铺适合在旅游街生存？虽然旅游街的招牌是历史文化，但是游客的基本生活需求才是刚需。一般而言，餐饮小吃会占据旅游街业态一半以上；生存压力下，拥有成熟商业模式的连锁加盟店和工业化小吃才是上佳之选（见大象公会微信公众号文章《烤肠为什么红遍中国》）。易于复制的表演类小吃也很受欢迎，这类食品成本不高，现场表演可暗示"手工制作"大幅提高身价，还能招揽游客、聚集人气。物流和经营成本都更高的本地特色餐饮，要么只能走高价路线，要么就只能开在地租较低的隔壁街区。

除了小吃，旅游街上另一大类是主打纪念品的旅游商店。对于多数人来

异地性变量	量表	文献来源
文化差异	1.这里和我的家乡有很大差异。 2.到这里来我感觉很新鲜。 3.在这里感受到了不同的文化。	Wang and Ryan(1999); Atila Yuksel(2004)
时间压力	1.我感觉在这一地停留的时间很短。 2.在这次旅行中，我感觉匆忙。 3.在当地购物浏览的时间很短。	Mattila and Wirtz(2001)
重购成本	1.我感觉来一趟不容易。 2.短期内我不会再来这里。 3.来一趟花费的时间、金钱很多。	Carr's(2002)
购买压力	1.我主要是给我家人和朋友带点东西回去。 2.出来一趟，感觉应该给家人和朋友带点东西回去，虽然还不知道买些什么。 3.看到别人给家人和朋友买了东西，我也想买。	Gordon(1986); Littrell et al(1994); Soyoung Kim, Mary A. Littrell(2001)

来源：李志飞.旅游购物中的冲动购买行为与体验营销研究[D].华中科技大学,2007.

研究者总结的引起旅游冲动购物意愿的主要异地性变量，最终证实，购买压力的影响最大，文化差异的影响次之，重购成本的影响相对最小。

说，购物消费是旅游中难以避免的活动，既有自发偏好的因素，也有给亲友同事带礼品等外在动机。在多数游客看来，"反正来都来了，总要留点纪念"。即便如此，中国游客仍不愿在旅游商品上花多少钱。据 2015 年数据，世界旅游购物的平均消费占旅游总支出比重约 30%，而中国旅游商品收入只占旅游收入的 20%，即使是江浙等旅游消费发达地区也仅有 23%。在欧美等发达国家，这一比例高达 40% ～70%。考虑到本就低的人均旅游开支和更低的购物比重（消费能力），纪念品商店也只能走价格较低而利润率高的路线，最合适的就是低价的义乌小商品。

同时，义乌小商品除了同质化程度过高，质量本身不见得一定就低劣。诸如手绘地图、创意文具等文创产品的复制成本低，一旦某类产品受到欢迎，随即就是大规模仿制，以极低的批发价遍及全国旅游区。甚至对某些地方特色符号，义乌厂商也能无缝衔接，在不同的少数民族旅游地都能发现花色一致的纺织毛毯、手工挂画，在各大城市都能找到同样款式的竹编器具。

完美的旅游街在哪里

不过，旅游业的同质化并非中国独有现象，在全世界都普遍存在。现代旅游本就是民航业发达以后的产物。除去自然名胜等天然景点，很多城市景观都经历过旅游业的再开发。美国的小镇也呈现出了很强烈的表演感，欧洲的各大步行街的商品也不乏雷同，巴黎的餐厅也因游

京都花见小路

客过多而水准滑坡，京都的花见小路充满了身着和服的中国游客，这和在中国旅游街出租拍照的龙袍并无性质上的差异。

同 iPhone 手机一样，现代旅游业的产业链也已实现了全面的全球化。义乌定制的商品销往世界各地，类似的热带风情服饰常见于东南亚，同样的羊毛制品可以通行于中国西藏、尼泊尔和印度。不同之处在于，旅游业成熟的国家，游客消费能力更强，人流量则少得多，商家更有维持行业生态的意识，也愿意更认真地对待消费者。而且，通过发达的文化创意产业和知识产权保护制度，发达国家还可以塑造极具特色的地方品牌，以对抗同质化。

以亚洲创意产业最发达的日本为例，其旅游纪念品设计与地方文化紧密相连，如东大寺金阁寺的限定文具，奈良限定的小鹿挂件等。熊本县的观光吉祥物熊本熊更是在中国成了网红。如今，只需经过熊本县政府授权，熊本熊的相关产品早已不局限于本地生产。由于个性化的设计，游客并不会因其并非本地生产而感到不快，而知识产权保护的作用，游客也不会到哪儿都能看到它的身影。

当然，从某种角度上看，旅游同质化也不全是坏事。同质化的旅游业意味着该地有着较发达的物流，较好地融入了全国乃至世界市场，得以充分利用大生产时代的便利。

如果要体验真正意义上的差异化体验，印度、非洲等地可以算不错的选择。由于这些地区的经

日本旅游纪念品

苏州山塘街曾是明清时期中国商贸文化最为发达的街区，是古苏州街巷的典型。

济和交通条件相对落后，部分地区还有高额跨境税收，旅游业只能积极发展本地手工制品。不过在独特体验之外，卫生条件和旅游安全可能会成为新的问题。

即便能解决旅游产品同质化的问题，中国各地旅游街还存在一个共同的体验问题——拥挤。中国古代城市街道具有地块向纵深发展、窄边向街、家家紧靠的特点，大部分的街巷、里弄都较为狭窄，尺度较为私密。因此，尊重历史原貌的古街巷很难发展出宜人的商业尺度，旅游街大多只能在原有街道基础上进行拓宽，以应对人流。即便如此，节日期间仍是摩肩接踵，难免与陌生人"亲密接触"。

不过，即便你被拥挤在人群中，也不必过于沮丧。旅游本就是对日常生活的短暂抽离，也许，这样的经历更能唤回你对日常生活的热爱。

为什么北方人用手洗脸，南方人却用毛巾

文 | 吴松磊

中国南北洗脸方法的差异，很早之前就已形成。遗憾的是，由于缺乏面部护理基本知识，两种方法都不能让大家的脸更干净。

除了"豆腐脑咸甜之争""粽子是肉馅还是枣馅或是豆沙馅"，中文互联网上还流传着一个更隐蔽、更普遍的南北差异——"洗脸用手还是用毛巾"。

一般来说，南方人习惯用水浸湿毛巾洗脸，而北方人多用手洗脸后再用毛巾擦干。为什么会出现这种差异？网上有多种解释，有人说因为北方严寒天气会冻硬毛巾，有人说北方水资源较少，搓毛巾时会浪费水。还有南方人表示，用毛巾洗脸更加彻底，南方人比北方人爱干净。北方人再生气，也不得不承认用毛巾洗脸更干净的说法符合大多数人的直觉：相比双手，湿毛巾有更强的摩擦力和更大的覆盖面，自然能更彻底地清除面部污垢。但真的是这样吗？

南方人洗错了

这种说法当然成立——只需去一趟国外就会发现，在清洁、护肤知识更普及的西方社会，几乎没有人用湿毛巾擦脸——这样做的话，脸非但不会变干净，还可能适得其反。原因很简单，正常空气环境下，人脸如果看上去比较"脏"，并非外界的灰尘颗粒引起的，而是皮脂在作怪，它是脸上的油光、粉刺和青春痘的罪魁祸首。

当然，这并不意味着要尽可能清除皮脂，因为皮脂不仅能够滋润皮肤防止水分蒸发，还能形成弱酸性外膜，防止有害病菌的侵入。皮脂的过度分泌才是问题根源。皮脂腺分泌的皮脂量和雄性激素、气温、年龄、饮食都有关系。最常见的，就是在青春期较高水平的雄性激素刺激下，过量分泌的皮脂堵塞毛囊，形成的局部厌氧环境促使细菌繁殖，继而引发炎症、出现痤疮。因此，洗脸的目的应该是在对皮肤刺激尽可能低的前提下，清除掉皮肤表面的油污和代谢的角质，同时适度保留皮脂和水分。那么，怎样才能控制皮脂分泌呢？

　　用湿毛巾洗脸的办法自然不可取——面部过分清洁干燥反倒会刺激皮脂分泌，为青春痘大开方便之门。就算用干毛巾擦脸，也应尽量避免用力过度，最好先拍干脸上的水，再用毛巾轻轻吸干水分。此外，湿毛巾洗脸的另一严重问题是潮湿环境下细菌的大量繁殖。大部分毛巾由棉纤维制成，亲水性纤维素分子和毛细管作用有助于毛巾吸收并储存水分，附着在毛巾上的皮脂、汗液、皮屑提供的食物和碱性环境，也为细菌创造了适宜的生长环境。用水浸湿的毛巾，即使用力拧干，湿度也会远远大于擦脸的干毛巾，上面的细菌会出现指数级增长。

　　近年突然火起来的"洗脸神器"比毛巾更加危险，这种神器导致的过敏性皮炎患者让众多皮肤科医生忧心忡忡，纷纷表示现代人的皮肤问题不是清洁不够，而是"过度清洁"。

　　《家纺时代》在 2014 年发布的《毛巾健康使用周期实验检测结果和科学使用方法》中，所检测的 65 条湿用毛巾平均细菌量要远大于 54 条干用毛巾，且在多数毛巾中都发现了金黄色葡萄球菌、白色念珠菌、大肠杆菌等危害较大的病菌。

　　值得一提的是，湿毛巾会让脸更"脏"这一点，长期以来并不为中国人所知，直到 20 世纪八九十年代，各种健康杂志仍在教育读者用湿毛巾洗脸，特别是部分母婴杂志还有教宝宝用毛巾洗脸的详细教程。因此，用毛巾还是用手洗脸与中国人的卫生观念关系不大，只是一种习惯差异。这种差异到底为什么会出现呢？

军队文化的塑造

中国历史上，用手洗脸的方法一直都是主流。春秋时期的"沃盥之礼"就是用手洗脸，"沃"是浇水，由一人捧匜负责浇水，一人端盘接水，盥洗者清洗完后才"盥卒授巾"，用手巾擦拭。

沃盥之礼中的匜（上）、盘（下）组合示例

现代毛巾的出现，最早也是为了便于擦干身体—— 由于毛巾表面的毛圈结构能带来远强于传统布料的吸水性和摩擦力，17世纪土耳其人把传统的地毯编织工艺用于制作新娘沐浴仪式中的浴巾。毛圈结构的织造相对复杂，且当时原材料只能是棉纤维，所以毛巾一开始只在奥斯曼帝国内部流行。18世纪末，美国首任总统乔治·华盛顿的妻子马莎·华盛顿使用的仍然是亚麻制毛巾，现收藏于弗农山庄。直到19世纪棉纺织业开始工业化后毛巾才大量生产。毛巾在亚洲的普及来得较晚，直到1894年日本才开始大规模生产毛巾，来自今治市的"铁锚牌"毛巾经由开埠后的上海传入中国后，葛巾等传统擦脸布才退出历史。

中国人惯于用手洗脸再用布擦干，毛巾的出现当然不能改变这种习惯，只会强化相关行为。湿毛巾洗脸又从何而来呢？

这很可能是受到军队习惯的影响。部队行军途中，受自然环境、集体行动限制，常常无法保证充足的水，有时饮用水都得不到保障。在一切从简从速的前提下，为了尽可能节水省时，浸湿毛巾擦脸的方式是必然选择。因此在军校教育中，会刻意训练学员用冷水和湿毛巾洗脸。

军队的洗脸方法为什么会影响到普通人？原因很简单，除了讲究体面的社会中上层，当时大部分人并没有每天洗脸的习惯。南方各省长期战事征发的数千万士兵，退伍后不可避免会把军队的生活方式带回家中，从而影响到整个社会。

洗脸钱应该怎么花

中华人民共和国成立初期百业待兴，国家力量也主要是集中发展重工业，棉纺织业相对不发达，很多中国人尤其是农村人很难拥有配套的毛巾、浴巾及护肤产品。但今天中国人在洗脸上花的钱已领先世界——英敏特发布的报告中显示，中国已成为全球最大的面部护肤消费市场，2014 年中国人在脸上花了约 838 亿元人民币。即使是不那么在意护肤的男性，在 2015 年第一季度也购买了约 3000 万瓶洗面奶。

中国男性对洗面奶的热衷，原因可能与中国女性对面膜的热爱类似（参见第一章《为什么中国女性热爱贴面膜》）——美白、补水、深层祛痘等花样繁多的卖点很难让人不动心。与面膜一样，洗面奶主要由水、表面活性剂、保湿剂、功效成分、香精色素和防腐剂组成，角质层的屏障作用让商家鼓吹的神奇功效都难以实现。实际上洗面奶唯一能做到的只有清除油污，这也意味着，用于洗净油污的表面活性剂直接决定了洗面奶的效果。皂化配方就是一种是广泛应用的表面活性剂配方，在洗面奶的前身——洗脸皂中就已大量使用。皂基洗面奶一

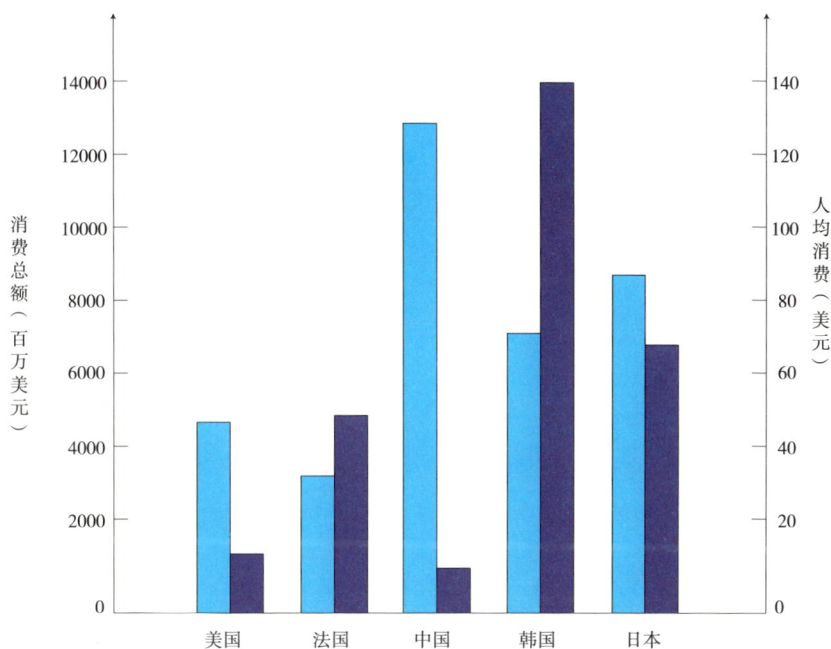

2014 年，全球 5 个最大的面部护肤消费市场（来源：Mintel GNPD）

般价格较低，但清洁力过强，对皮肤有一定刺激性，只适合皮脂分泌极其旺盛的皮肤环境。对于干性和敏感性皮肤还是应该考虑其他配方相对温和的洗面奶。

在各种新鲜神奇的洗面奶广受市场欢迎时，中国人对于毛巾的消费则节约多了。2014 年中国家纺协会毛巾使用调研结果显示，毛巾的人均使用量仅为 300 克 / 年，远远低于日本的 2300 克 / 年和欧美的 1800～2200 克 / 年。相比其他国家 1～2 月的毛巾更换频率，我们的毛巾消费观还停留在"不破不换"的阶段，这显然是物质匮乏时代遗留的习惯。毛巾不像衣食住行能通过直观差异来刺激消费，只要"看上去正常"，多数人就没有更换毛巾的意识。对于毛巾质量的好坏普遍缺乏判断，也导致中国人在洗面奶、护肤品上花的钱可能会因劣质毛巾全部浪费。

洗面奶常见皂化配方

脂肪酸		碱剂
十四酸/肉豆蔻酸(Myristic acid)		AMP(2-Amino-2-methyl propanol)
十二酸/月桂酸(Lauric acid)	+	氢氧化钠(Sodium hydroxide)
十六酸/棕榈酸(Palmitic acid)		氢氧化钾(Potassium hydroxide)
十八酸/硬脂酸(Stearic acid)		三乙醇胺(Triethanol amine)

在洗面奶的成分表中，只要同时出现上述两类成分就可以认为是皂化配方。

对于只通过毛巾花色和手感来决策消费的人们来说，怎样才能买一条好毛巾呢？相比摸上去的手感，吸水性、透湿率、透气性、柔软性、断裂强力才是衡量好坏的核心指标。例如，采用了华夫格设计的毛巾甚至直接取消了表面的毛圈，通过表面的细密方格和凹凸纹理来实现吸水和透湿。在极大降低毛巾重量、弱化毛巾强力和吸水性的同时，以达到最佳的透气性。除此之外，高低毛、波浪纹、缎档、割绒、蜂巢结构等工艺设计也能满足不同的洗脸需求。

为什么广东人什么都吃

文 | 吴 余

广东人餐桌上常见各种野生动物，往往令外地人瞠目结舌，甚至产生生理不适。为什么广东人的食材如此多元？真的是岭南人天性的原因吗？

去过广州的人多半不会否认，在饮食方面广州是当之无愧的中国第一。而且在广州，绝不会遇上"游客找不对地方就吃不好"或"外地人太多所以吃不到正宗粤菜"之类的问题。广东菜只在一点上饱受非议，那就是过于宽泛的食材范围。尤其是上至虎豹下至甲虫的动物食谱，实在让人怀疑还有什么是他们不吃的。广东人这种"什么都吃"的现象是怎么来的？真的是因为广东人所谓的本性的缘故吗？

难道天生"异食癖"

说到广东特殊料理食材，很多人的第一印象是蛇、龙虱和果子狸。2003 年"非典"事件后，医学界一度认为果子狸是 SARS 病毒的来源，使得爱吃果子狸的广东人一度成为众矢之的。

对于广东人为什么会吃这些奇怪的东西，最常见的解释是，因为他们两千年来一直如此。在古代文献中，岭南人乱吃东西的确历史悠久。汉代《淮南子》就有越人吃蟒蛇的记载；唐代《岭表录异》说广东人吃鹦鹉、猫头鹰；宋人周去非简要地概括道，岭南人"不问鸟兽蛇虫，无不食之"。

但是，如果只看这些文字就断定广东人吃野味是古代习俗的自然延续，显然忽视了另一个现象：从古到今，中国的其他地区也有很多黑暗料理。2002 年，中国社科院考古所在西汉长安城遗址中发掘出一堆餐厨碎骨，其中发现了猫和黄鼠——后者可是最危险的鼠疫宿主之一。《汉书》中还记载

2013 年，研究者确定中华菊头蝠才是 SARS 病毒的天然宿主，果子狸也是被感染的。

汉代君臣曾分食猫头鹰。唐宋时期，各地都有特色野味，如闽浙地区爱吃青蛙、蛤蟆；江西人冬天吃红糟烧穿山甲。早在唐代，果子狸就已出现在宰相的宴席上，到清代几乎是公认的美食，就连《随园食单》与《红楼梦》都有它的踪影。即使到了今天，其他地区也不乏古怪食俗，如华北不少地方喜食蝗虫、蚕蛹和豆天蛾幼虫，浙江一带爱吃知了，更不用说以食虫著名的云南地区。

对人类学家而言，这些现象是不难解释的。相比欧洲，中国人历史各阶段的肉食摄入量都偏低，六畜养殖业的发展速度落后于人口增长速度，因此不得不借助各种稀奇古怪的野生动物补充动物蛋白和脂肪，野生动物种类越多的地区，就越容易成为现代人眼中的"异食癖"地区。但这并不能解释为什么唯独广东人对野味的爱好给人们留下了如此深刻的印象。

粤菜中野生动物食材种类相对较多只是一方面，更加重要的是对待它们的态度问题。北方人吃蝗虫、蚕蛹、知了也很"黑暗"，但烹饪手法一律酥炸，其在地方菜系中地位不高，只是当地人好这口儿而已。但在广东，各种野味长期是粤菜的招牌菜式，且是高档宴请的主力。只有广东厨师会投入巨大精力来研发野味的吃法，使这类菜品制作精美、花样繁多、充满创意，给

人造成极强的感官冲击。

二热荤：云腿麒麟蛇片，蛇片冶鸡卷。

七大菜：翅王拆会五蛇羹，三蛇入凤胎，五彩炒蛇丝，红烧大蚺蛇，

　　　　酥炸生蛇丸，蛇丝扒芥胆，西汁焗蛇肝。

另：韭王蛇丝伊面，甜菜，美点，生果。

席前奉即宰三蛇鲜胆（二付）酒各一杯。

民国时期的广州全蛇宴

为什么只有广东人肯在野味料理上投入如此之多的精力？

野味消费与社会阶级

虽然广东人民自古爱吃野生动物，但事实上，形态如此精美的广东野味与粤菜一样，完全是近代工商业社会的产物。最典型的例子是名菜"龙虎斗"。19 世纪 20 年代，张心泰《粤游小志》记载的龙虎斗还是相当朴素的黄鳝煲田鸡。但到了清末民初，这道菜就变成了蛇煲猫或蛇煲果子狸。再比如蛇羹，早在宋代就有，可在清末民初的短短数十年里，普通蛇羹依次发展出三蛇羹、五蛇羹、龙虎斗、龙凤汤乃至终极版的"龙虎凤"，成了酒宴上最高等级的名品。

但是这些千奇百怪的野味食材，本身在味觉上并没高级到哪儿去。举个例子，1961 年叶圣陶在内蒙古考察，当地以顶级菜品设宴，食材十分名贵，叶在日记里评

传统蛇羹、龙虎斗等是将原材料处理成肉丝，看不出动物原形。

价"无甚好吃"。广东厨师则认为，虽然粤菜厨师能把一切做成美食，但有的特殊食材口感并不优于红烧甲鱼。说到底，野味消费的重点并不在于食物，而野味代表的价值符号与社会功能才是目的。

法国社会学家布尔迪厄的研究表明，人的品位偏好并非先天所得，而是后天教育与自我意识的产物。不同社会阶层用不同的品位在日常生活中标示身份，无论是欣赏艺术，还是饮食衣着偏好，都能从中看出品位与社会地位的对应联系。例如，典型的品位力求凸显自己的身份，使自己区别于其他阶级。比起事物本身，精英更在意的是价值符号，偏好可垄断的稀缺性产品。中产阶层一方面不甘平庸；另一方面又没有足够的经济实力。因此要么模仿高端品位，要么将大众品位拔高，合理化处理。典型的大众品位则主要以功能、实用为追求，以生活日用为中心。不同的人群通过互动共同造就了一个社会的品位评价体系（《区分：判断力的社会批判》）。

广东的野味消费正是这样一种区分品位的工具。用特定的稀有食材凸显身份并不是广东人的发明，清代权贵已流行用各种特殊食材宴客，只是北方的顶级菜品此后再无突破，广东野味却能推陈出新。这是因为一个社会的品位形态与它的阶层分布密切相关。而近代广东是中国最先进入工商业文明的地区，阶层流动性强且边界模糊，表现优越性的难度远高于内陆地区。此外，得益于丰饶的物产和发达的经济，近代广东普通市民的饮食水准是同时

如将过去穷人吃的炒肝、卤煮打上"正宗老北京"标签欣然享用，就是这种情况。

期其他地区无法想象的。1919 年，广州茶居工会规定，广州茶楼成年杂工最低月薪为 7.5 元，茶炉工 17 元，服务员 16 元。同期一般茶楼的一碟虾饺（4 个）售价为 1 分 6 厘，南乳肉角、叉烧包每只 4 厘，最低月薪与物价之比为 7500：16：4，茶楼杂工几乎就是现代都市白领的薪资水平。

在如今的京沪等一线城市，在茶餐厅用餐似乎是白领的专利。但民国社会调查与 20 世纪 50 年代广州公私合营档案都表明，普通工人才是上茶楼喝早茶的主力军：

各家工人每月嗜好消费 劳工阶级绝少无嗜好的，而嗜好中，尤以烟酒及饮茶三项最为重要，几视为日常生活必需之项，饮食风尚，广州最盛，无论上午、下午、夜间，俱有饮茶的习惯，劳工阶级恒有一日饮茶三次的。故饮茶一项费用，实占劳工日常生活的一种重要支出。其余如烟、酒，亦为劳工日常不可少之嗜好品……（《广州工人家庭之研究》）

为了在激烈的市场竞争中取胜，广州茶楼在 20 世纪 20 年代就推出了"星期美点"，即每周更换一次餐点品种，推出一系列新点心。在这样的背景下，不难想象得需要多高的经济水平，才能在吃方面同别人拉开差距。好在岭南物产丰富，厨师技艺高超，可及时将各种古怪生物制成盛宴，彰显主人的独特品位。再加上近代广东一直是中国药材集散中心，中医文化发达，可借助"以形补形"等中医理论类推各类动物的药效，自证其合理性。

雪梨炖银耳

只是在消费文明高度发达的近代广东，再特异的菜色也难以被长期垄断。如近代广州名流江孔殷，据说是五蛇羹和龙虎凤的发明人，但江家一出现新菜式，立刻就会被外面的酒楼争相仿效，甚至推出价格偏低的"山寨版"菜色，以迎合荷包有限的中产阶级。

除了穿山甲还能吃什么

1949 年以后，部分广东野味餐厅保留为接待外宾和公私宴请的重要场所。如专营蛇类野味的"蛇王满"，公私合营后改名"蛇餐馆"，在 1965 年新设"野味香"饭店，研发"全猴宴"等新产品。

如今在中国南方的大部分地区，蛇早已不是罕见的菜品。野生动物的营养价值并不高于饲养动物，同时还携带了大量的寄生虫和致病病毒，为了保护生态环境，1989 年中国通过了《野生动物保护法》，用法律的手段来保护野生动物，维持生态平衡。虽然有严格的法律制裁，但仍有不法分子偷猎野生动物，如穿山甲、猫头鹰等。

如果洞悉人们吃野味的心理，偷猎野生动物这种现象就不难理解。因为，消费市场以野味为尊的价值序列没有受到影响，不法分子的铤而走险反而人为地强化了餐桌上野生动物的稀缺性，越是稀缺，其符号价值就越是强化，越能激发占有欲。同样的道理，如果因为看到市面上野味价格高昂就琢磨着靠规范化养殖捞一笔，则会带来相反的结果。最典型的是大鲵（娃娃鱼），近年繁育技术成熟，人工大规模养殖上市后，售价和销量一路暴跌，从六七年前的两三千块一斤，跌到如今的不足 100 元 1 千克。原因也很简单，娃娃鱼皮粗、腥味重，只有在特定心理预期下精心烹制，才能成为人们眼中的高档菜。而一旦放开供应，自然失去了吃珍稀野味的心理预期，寻常烹饪下还不如牛蛙好吃。

要阻止人们继续野蛮吃下去，严格执行法律的同时，改变人们饮食上的价值观是更有效的手段。对丁这一点，欧洲饮食的发展参考价值较大。中世纪欧洲贵族也是以野味为尊，包括野禽、野鹿、野兔等，最"黑暗"的可能是狐狸，而且奥地利大公利奥波德六世甚至下令农民不得吃野味。但由于文明进步，停留在食材内容上的垄断显得过于粗鄙。到布尔迪厄笔下，20 世纪 70 年代的法国上层社会已转为推崇强调视觉风格、讲究服务的小份餐食，因为只有上流社会才重视仪式感和艺术性。

在当代中国，与之最为类似的可能是来自日本的

一份典型的高档西菜，米其林三星餐厅出品。

怀石料理，不过有部分消费者常因花了上千元还吃不饱而给出差评。如果以有文化、仪式感强且能吃饱为标准，非物质文化遗产的老北京小吃不失为上佳之选。

湖南人为什么最爱嚼槟榔

文 | 叶鹤洲

为什么深处内陆、不产槟榔的湖南，却成为中国最爱嚼槟榔的地区？处于中部腹地的湘潭为什么会成为湖南槟榔食俗的发源地？

中国什么地方的人最爱嚼槟榔？台湾、海南、广西等槟榔原产地都有嚼槟榔的习俗，其中台湾更发展出闻名的"槟榔西施"风俗。但在湖南人面前，他们通通相形见绌。据统计，台湾约10%的人口有嚼槟榔习惯，而湖南人嚼槟榔的比例达到38.42%，其中30~40岁人群高达50.36%。作为中国最大的槟榔产地，海南人对槟榔的热爱也远不及湖南人。海南槟榔产量虽占中国总产量的95%，但本省鲜果消费不足1%，余下绝大多数都被制成干果运往湖南。

湖南省 2010 年城乡居民咀嚼槟榔年龄分布

年龄组（岁）	合计		
	调查人数	咀嚼槟榔人数	咀嚼率（%）
1~	899	88	9.79
10~	2958	1210	40.91
20~	7808	3044	38.99
30~	7717	3886	50.36
40~	6898	2918	42.30
50~	5421	1598	29.48
60~	2627	830	31.59
70~	1096	37	3.38
合计	35424	13611	38.42

2010 年嚼槟榔人口统计，出自湖南省湘潭市疾控中心《湖南地区食用槟榔流行病学研究》。

湖南人民对槟榔的热爱，令当地政府官员头疼不已——历次申办全国文明城市过程中，长沙都把乱吐槟榔渣作为打击重点。而在全湖南最爱吃槟榔的湘潭，甚至出现市长发现有人乱扔槟榔渣后，调动交警、城管 48 小时全城搜寻当事人，以表明其整治市容决心的新闻。湖南人为什么这么爱吃槟榔？除了把劲头十足的槟榔与湖南人的"霸蛮"性格联系在一起，网上最流行的说法是，湖南槟榔食俗发源地湘潭曾遭清军屠城，事后返回的逃难者发现一老僧口含槟榔掩埋尸体，遂纷纷效仿。这也符合古人对槟榔的一种看法，它可以预防瘴气和瘟疫——原因真的是这样吗？

槟榔的"飞地"

湖南槟榔的确发源于湘潭，早在 20 世纪 30 年代，湘潭就是海南槟榔的主要买家，湘潭人吃槟榔就已远近闻名。但除此之外，这种说法的其他部分就很难站得住脚了。"老僧埋尸"的传闻最早出自 1993 年出版的《湘潭市志》，但没有任何历史资料佐证。"槟榔防疫"一说，尽管有诸多古代医书作为旁证，却也不能解释为什么只有湖南的湘潭会成为国内最大的槟榔消费地。从地域上看，湖南人尤其湘潭人爱吃槟榔这个现象本身就让人生疑——湘潭位于湖南中部腹地，深处内陆，本地不产槟榔，距离槟榔主产地的海南也不近，与海南更近的广东和省内更靠南方的郴州、永州都没有湘潭这样对槟榔的狂热。

世界范围内，爱吃槟榔的湘潭人也违背了槟榔食俗的分布规律。槟榔是仅次于烟草、酒精和咖啡的世界第四大成瘾型消费品。但相比前三者在全世界的广泛存在，槟榔食用者的地理分布要集中得多，主要是南亚、东南亚、东非沿海地带与西太平洋，中心地带位于东南亚岛群。除了印度等大宗产地，多为沿海及岛屿。

湖南既非槟榔产地，也不沿海，堪称是槟榔世界的"飞地"。作为槟榔热的唯一孤岛，湖南人嚼槟榔的方法也迥异于世界主流。绝大多数地区食用槟榔都是鲜果搭配蒌叶和石灰，印度和斯里兰卡略有不同，还会加上烟草一起嚼。唯独湖南人嚼的是用多种调味料长期卤制过的槟榔干果，许多成品槟榔甚至含有芝麻、葡萄干，更像是精致加工的甜品。人类学家曾提出一种假说——槟榔没能像酒精、烟草与咖啡那样传遍世界，主要就是因为槟榔、石灰加蒌叶的复杂组合地域性太强，只能在槟榔原产地周边流行。如果这一假说成立，湖南人嚼槟榔的习惯自然更让人费解。

南北皆食槟榔

上述的假说显然靠不住——中国古代槟榔食俗的分布范围就已超出海南、广西等原产地，遍及大江南北，而食用槟榔干果在一千多年前就已出现。

早在魏晋南北朝时期，中国人就已学会嚼槟榔。汉晋之际，孙吴等文士在开发南方的过程中发现了来自交州（今越南地区）的槟榔和吃法。槟榔难以保鲜，但这并不足以阻却文士们对它的热爱。嚼食越南干槟榔很快成为士人显贵的风尚，在六朝大为流行。史书中多处留下槟榔的踪影——《南史》记载，名士任昉的父亲极爱吃槟榔，孝顺的任昉本来也爱吃，却因父亲临终时没吃上一口好槟榔而与槟榔结怨；晋末大臣刘穆之年轻时家庭贫困，生活却相当奢侈，到老婆家蹭饭不忘讨要槟榔，遭人嘲笑；齐梁豫章王萧嶷的遗言更写道，他死后的祭品只要"香火、槃水、干饭、酒脯、槟榔而已"。嚼槟榔的习俗甚至流传到了北朝。北齐大臣王昕模仿南朝名士嚼槟榔、吟诗文，结果被安上"伪赏宾郎（槟榔）之味，好咏轻薄之篇"的罪名。此外，北魏农书《齐民要术》对槟榔及其制法、吃法亦有记载。唐代之后的药书普遍出现槟榔防瘴气的说法。但魏晋时期对槟榔药用价值的描述仅止于消食和驱虫，防瘴气显然只是后人对这种域外习俗的"脑补"。

隋唐年间，有关槟榔的食俗逐渐从史书上消失，这主要是因为中国的政治中心再次转向北方。事实上，直到清末，嚼槟榔的习俗一直留存于中国各地。在明人所撰《竹屿山房杂部》中，槟榔已是一种工艺复杂的养生食品；《红楼梦》第六十四回有贾琏向尤二姐讨要槟榔的情节；清代梁绍壬在《两般秋雨庵随笔》中说，北京士大夫爱吃槟榔，常将槟榔与豆蔻、砂仁一起放在随身荷包里；清末的《庚子西行纪事》则记载，西安的酒楼和北京一样，都会在客人用餐后端上槟榔碟。这些槟榔食俗虽没有地域限制，却只有社会上层才消费得起。平民百姓要想每天吃到槟榔，只能住在南方槟榔产地或者是相关贸易中心附近。南宋人周去非在《岭外代答》中写道：闽南、广东、广西是当时槟榔最盛行的地区，吃法也是最原始的蒌叶石灰。原因不难理解，广东、广西临近槟榔主产地越南和中国海南，闽南的泉州、漳州则是宋明海上贸易的中心、南洋货物的集散地，由于受到越南的影响，他们的吃法也更加原汁原味。

受到影响的不仅是吃法。早在秦汉时期，槟榔就是越南地区结婚时招待宾客的礼品。从宋代的《岭外代答》到清代的《广东新语》都可以证明，广东人习惯用槟榔招待宾客，一直是当地婚礼必备。湘潭槟榔食俗的来源，正可以在这里找到踪迹。

闽广地区的槟榔食俗一直保留到清末民初。明清之际，闽粤移民把槟榔移植到台湾，台湾人的槟榔习俗由此而来。

海禁的影响

历史文献对湘潭槟榔习俗最早的记载出自清代嘉庆二十三年（1818年）刊刻的《湘潭县志》，其《风俗卷》中这样写道：过去湘潭风尚简朴，请人吃饭时端上一盆清淡的鱼汤，客人就会知趣吃完散席。但那时的人却讲究吃喝，酒菜极为奢侈。尤其是婚丧宴请的场合，还有"槟榔蒌叶"相伴，竟然大受欢迎。这则记载留下了湘潭槟榔起源的两点关键信息：其一，湘潭的槟榔习俗最初是与婚丧宴请联系在一起；其二，最初的湘潭槟榔与"蒌叶"并称，显然是指槟榔与蒌叶的传统组合。在当时，只有一个地方的槟榔习俗与此最接近，就是广东。

那么，广东的槟榔习俗为何会在此时传入湘潭？这是湘潭的地理位置、社会状况和清代的贸易政策共同作用的结果。湘潭位于湖南中部，毗邻湘江。在古代，中原地区通往岭南的一条主要路线就是由湘江南下，从郴州或永州翻越南岭。湘潭位于这一路线的中段，河湾的泊船条件又优于省府长沙。云南、贵州、广西运往内陆的货物也行经沅江、湘江汇聚于此。明朝中叶设县之后，湘潭很快成为湖南最重要的贸易中心。

光绪版《湘潭县志》里写，湘潭"南接五岭，北通洞庭"，历来是繁荣的水陆码头，号为"小南京"。

正因如此，湘潭也是兵家必争之地。从明末到清初二藩之乱，湘潭屡遭兵祸，居民"逃死殆尽"。待到战乱结束，"城总土著无几"，居民十分之九是江西移民。在承平之世，湘潭迅速恢复繁荣，财富与人口急剧增加。本地传统完全断裂，新移民的生活又处在剧变当中，给外来习俗的进入创造了机会。这时乾隆皇帝的一旨圣谕极大地加强了湘潭与广东之间的联系。清朝初年，为对付东南沿海的反清斗争，清廷严令禁海。康熙二十五年（1686年），清朝在征服台湾后开放海禁，指定广州、漳州、宁波、云台山四地通商。但到乾隆二十二年（1757年），乾隆皇帝以"洋商错处，必致滋事"为由，限定西洋商人只能在广州交易。这一事件被视为清代闭关锁国政策的最高潮，而作为内陆与岭南交通重镇的湘潭却因此得利。湘潭成为整个中国对外贸易的中转站，迎来了历史上最繁荣的时期。容闳《西学东渐记》写道："凡外国运来货物，至广东上岸后，先集湘潭，由湘潭再分运至内地。"从海南经由广东运往内陆的槟榔，自然也须由湘潭转运。随着湘潭与广东的联系日渐紧密，来自广东的槟榔很快在此扎根。到咸丰年间，槟榔已是广东商人贩卖到湘潭的主要货品。湘潭人嚼食槟榔蔚然成风，学者罗汝怀写道：湘潭人每天要在槟榔花掉数十乃至上百文钱。有人将每次待客的槟榔钱省下来救急，受到罗汝怀的鼓励。

不过，如今的广东人和福建人早已不吃槟榔，为何只有湘潭人能够将槟榔习俗保留下来，成为今天的槟榔"飞地"呢？

湘潭不幸槟榔幸

广东、福建等地槟榔习俗的衰颓主要发生在 20 世纪 20 年代后期。那时，广东槟榔习俗的消亡就已引起了中国民俗学研究者的注意。广东、福建都是沿海口岸，更易受西方现代物质文明的影响。广东一度是国民革命军根据地，土著民俗受到移风易俗运动的冲击，槟榔很快被烟酒等现代消费品替代，而福建人吃的槟榔主要产自台湾，台湾被日本占领后，台产槟榔就成了被抵制的日货，吃槟榔的习俗由于战争因素逐渐衰亡。

湘潭槟榔的命运却与此截然相反。这恰恰又与湘潭交通地位的衰落有着莫大的关系。1840 年《南京条约》签订后，清廷被迫开放上海等五个通商口岸；1858 年，邻近湖南的汉口又被开辟为通商口岸，以前经湘潭集散的北方商品逐渐改由汉口经长江、上海外运；1890 年梧州开埠，云贵物资也改经梧州海运至香港，湘潭作为中外贸易转运站的作用大为削弱；1904 年长沙开埠，原先在湘潭集散的湘中商品改往长沙集散。随着粤汉铁路湖南段的修建，湘潭的天然港口优势也丧失殆尽，长沙商业迅速发展，超过湘潭成为湖南商贸中心。

湘潭毕竟是 20 万人口的大城市，尽管转口贸易逐渐衰落，但本地消费依旧坚挺，商人纷纷改行以维持生计，迎合本地习俗的槟榔商贩不减反增，逐渐形成了一个稳定的消费行业。民国初年，湘潭城内批发大宗槟榔的店铺共有 13 家。到 1938 年，虽处战乱之中，湘潭的槟榔店铺却增至

27 家。1944 年湘潭沦陷，到 1945 年收复，槟榔店铺恢复至 24 家，在战争期间仍逆势扩张。与此同时，湘潭槟榔商人也开始迎合大众口味，将槟榔从一种对初食者极不友好的特殊嗜好改造为适合向普通人推广的大众食品。从民国报人陈赓雅在 1934 年的《赣皖湘鄂视察记》中对湘潭槟榔的记录中可以看出，此时的湘潭槟榔已经有所改良，但仍被初食槟榔的陈赓雅评价为"咸辣无比，不易进口"。

成分	食用槟榔	槟榔干果	食用槟榔-槟榔干果	增减（±%）
水分（%）	21	17	+4.0	+23.53
脂肪（%）	1.4	0.7	+0.7	+100.00
乙基麦牙酚（%）	0.6	0.1	+0.5	+500.00
铁（mg/kg）	136	249	−113.0	−45.38
粗纤维（%）	30	36	−6.0	−16.67
锌（mg/kg）	12	15	−3.0	−20.00
锰（mg/kg）	37	38	−1.0	−2.63
铜（mg/kg）	6.5	7.0	−0.5	−7.14
粗多糖（%）	1.6	1.8	−0.2	−11.11
槟榔碱（%）	0.17	0.32	−0.15	−46.88

现代湖南槟榔成品与原料干果的成分对比。槟榔碱可溶于水，因此在加工流程中流失严重。

清代的湘潭槟榔仍是搭配石灰蒌叶的原始组合，到了 20 世纪 30 年代，湘潭槟榔已出现饴糖、五香、玫瑰油等配料。为打入长沙市场，槟榔商人去除蒌叶，减少石灰，发明出桂油槟榔、红糖槟榔等香甜口味的新品种，这些现代湖南槟榔的祖先很快在其他市县受到欢迎。由于制作工艺日趋复杂，改良槟榔中使人体发生生理反应的主要物质——槟榔碱的含量大大降低，吃惯了蒌叶石灰鲜槟榔的海南人与台湾人恐怕很难指望湖南槟榔过瘾。

湘潭槟榔商人借此在 20 世纪初的乱世中保住了他们的生计。而今，槟榔加工已是湘潭政府大力支持的特色产业，湘潭槟榔不仅将湖南成功改造为中国最大的槟榔消费地，而且近年来，在槟榔原产地海南甚至也出现了它的踪影。

参考文献

[1] 周大鸣, 李静玮. 地方社会孕育的习俗传说——以明清湘潭食槟榔起源故事为例 [J]. 民俗研究,2013（02）:69-78.

[2] 周大鸣, 李静玮. 成瘾消费品的多重身份——以湖南湘潭槟榔为例 [J]. 民俗研究,2011（03）:232-246.

四川话为什么这么统一

文 | 凉 风

四川话为什么这么有特色？古代的四川人是如何说话的？现代四川人又是怎样来的？

但凡去过四川的人，都会对四川话的强势深有体会。不少方言在推广普通话的影响下迅速从公共场所消退之时，四川男女老少仍然一口川味，甚至不少外地人也很快学会四川话。不只是四川，重庆、贵州、湖北、云南、湖南西部、广西北部的大部分地区方言都很相近，形成巨大的"西南官话区"。为什么同在南方，东南地区的方言往往"十里不同音"，西南地区则高度统一呢？

年轻的四川人

这和四川的人口来源有很大关系——现在四川和原属四川的重庆共有一亿多人口，但这一亿多人口中的大部分，在四川的居住史只能上溯到明朝。原因并非元朝以前四川人口稀少。恰恰相反，这里很早就以富庶著称。宋代以前，四川盆地与长期作为政治中心的关中地区关系紧密。秦汉和隋唐两大稳定期，四川是长安的后院。到宋代，蜀中已百年没有经历大的战火，川峡四路人口在北宋占总人口的十分之一，在南宋甚至高达五分之一，一直保持超过千万的水平。人口最密集的成都府路地区，是南宋唯一一个人口密度超过每平方公里 100 人的地区，与临安所在的两浙路、同在四川的梓州路并列为人口最集中、经济最发达的区域。长期的发展催生了发达的文化事业，蜀中的织锦和印书业都冠绝一时。

仅从语言上，就能看出当时的四川人与现在的不是一家人——宋朝四川人的方言和现代四川话差别极大，也与当时的通语——包括现代四川话在内的所有官话的祖先区别显著。据当时的记录，四川方言和流行于关中以西的西北音一起统称"西音""西语"。宋代蜀人苏辙的诗里会出现"高""何"押韵的情况，从他哥哥苏轼的记载来看，这些词可能都跟"好"一样读成类似"吼"的韵母；陆游也曾记载四川人会把"笛"读成"独"、把"登"读成"东"。这些都与宋代通语语音差别很大，却跟敦煌地区的西北汉语有相似之处。很明显，这种语言和现代四川的西南官话处在谱系树的不同枝丫上，没有直接的传承。

作为南宋人口最密集的地区之一，古四川人为什么没有留下多少后代呢？历史上大规模的人口流动现象的出现，最主要的原因就是战争和瘟疫。1227 年始，蒙古三次出兵抄掠四川，南宋命余玠负责四川抗蒙，将富饶但难守的平原地区作为纵深，建立了以重庆为中心，依托川东山溪构建城堡的山城防御体系。这种焦土战略在军事上有效阻遏了蒙军攻势，使得蒙军在四川鏖战五十余年，川东成为宋元战争中最后被征服的地区之一，同时也使得战争长期化、拉锯化，饥馑和疫病随战争而来，人口损失更为惨烈。据《中国人口史》记载，战后原南宋四川境内只剩 20 万余户，比战前减少了 230 万户。大量社会精英"避地东南"，逃离故土，成都人费著在元代访察他在战前认识的数十族唐宋世家，只剩五家还在成都附近。整个元代四川的人口都没有得到恢复，大量唐宋旧行政区划因为"地荒民散"被降级或省并。

然而，四川人的磨难还没有结束。元末群雄并起，农民战争又一次给四川人口带来灾难。经历两次劫难，四川地广人稀，已经没有多少宋朝以前的四川土著居住。

四川人说南京话

人口的剧烈减少促成了语言更迭。不少四川人都会把祖上追溯到湖北麻城孝感乡，和山西大槐树、岭南珠玑巷、苏州阊门等著名祖先神话一样，这并非全无道理。终结四川元末战乱，割据四川建立明夏政权的明玉珍是湖北随州人，他所在的徐寿辉集团是根植于鄂东的势力。突袭重庆成功，在四川站稳脚跟后，明玉珍多次在鄂东招徕移民，据《中国人口史》考证，明夏从鄂东引入的移民累计多达 40 万人，和当时残留的四川土著总人口相当。

明代民间著述和私撰家谱基本要等到明中期才普及，各地方的迁居地来源正是在此前一百年里口传、竞争，让有力族群的迁徙故事脱颖而出。一百年间，整个四川的溯源神话慢慢收窄，最终精确到了鄂东的麻城孝感乡（今湖北红安县）。不过，新的四川方言并不是当时鄂东方言的简单移植，更类似于当时南京江淮一带的方言。

移民对语言的影响并非简单的人口替代与语言替代——中国语言史的一个常见的现象是，在大规模人口重建或者移民时，即使移民迁出地比较集中，迁入地形成的新方言也不一定是迁出地方言，而是优势的共通语。最明显的例子是东北地区的移民以山东人居多，但最终成形的东北方言的底子仍然是共通语北京方言，只有少数特征与山东方言近似，如有些地方的 r 读成 y，"人""银"不分。

经历明初的大迁徙和大量设置卫所。原本分布在以南京江淮一带的地方性标准音扩张到沿江和西南的广大地区。这些地方现代方言的祖语来自文献中记载的明代南方官话音系或者与其相当接近的语言。一个主要特征就是平翘舌音的分法和普通话不同，类似老派南京方言——士≠是＝世，前一字平舌，后两字翘舌，还有争≠征，泽≠折，楚≠杵等均为前平后翘。明朝南系官话之强势，就连普通话中也带有来自南系官话的读音，如"选择—择菜"前者来自南系，而后者是北京的本地音（参考大象公会微信公众号文章《北京话是满族人发明的吗》）。

现今西南地区尚能分平翘舌的方言，如自贡话、昆明话中，平翘舌分法都类似老派南京话。虽然以成都为代表的西南大城市乃至南京多数市民如今已经不能区分平翘舌。但根据 19 世纪至 20 世纪留下的关于分平翘舌的老派成都话的记录，当时的成都话分法也类似南京而不像普通话。明正统年间（15 世纪）出生的陆容列举各地"语音之谬"时就提道："四川人以情为秦，以性为信。"稍晚一些的张位说："巴蜀怒为路，弩为鲁，主为诅，术为树，出为处，入为茹。"这些记载与今天的四川话，尤其是自贡一带的方言特征相当一致，足以说明当代四川话在明代已基本定型。

四川在明末清初的大战乱中又遭受了剧烈的冲击，人口减少到不得不再次进行人口重建的地步。不过，清初这一次，四川话没有多大改变——主要影响在于大量湖南湘语词汇的引入和分布在川中的湘语和客家话方言岛，如成都郊区的洛带镇居民，即说客家话。

驻军改变语言

明朝大量移民对地方语言的影响远不止四川，整个西南的民族语言分布都因此发生了翻天覆地的变化。在四川、湖北以外的地区，宋代鉴于唐帝国"边衅虚耗国力"而衰亡的教训，秉承儒家"不疲敝中国以事蛮夷"的原则。传说宋太祖以玉斧划大渡河，对西南少数民族政权不作深度介入，满足于基本的以称藩和茶马互市进行间接控御的水平。今云南、贵州、湘西、广西西部的广大地区，在大理、罗氏、自杞等少数民族王国以及各自的溪峒部落治下，不归"王化"。明初，蒙古人虽被逐出中原，但北部仍受其控制，西域是蒙古的察合台汗国，吐蕃为镇西武靖王所控，西南则为元梁王控制。明朝君臣不能忍受汉地被各种蒙古势力包围，消灭了云南的元梁王势力，暌违数百年后重启中原王朝对云贵高原的经略。

但明朝时期，来自蒙古的威胁始终存在。明朝继承元代的制度创新，在边疆完全接收了元朝羁縻政策，即承认各民族君长的土司制度。而对应于元代引蒙古和北方各族戍守要地的制度，朱元璋在云南设置军事卫所，引入了大量汉人屯军。这些屯军部分来自整肃中充军的富户，比如，著名的江南富商沈万三家族。明朝传说中，"充军云南"影响之大，以至于明末有人认为应天府的土著居民都被朱元璋发配到了云南。云南新的汉语社会正是围绕这些军籍移民建立起来的，可能因为这个社区的人口来源和军事属性，形成的方言在明代一直和南京标准非常一致，当时的文人经常赞叹云南的语音非常类似典雅的南京话。正因为方言相近，云南汉人中出现了祖先来自南京柳树湾的移民传说。因为南京的优越地位，这个传说对攀附入籍的少数民族吸引力也很大，不少自身仍是受封土司的酋长家族也会自称来自应天府柳树湾。不过，明代云南的汉人聚居区集中在滇中，周围的地区大多仍是土司自治领地，如同贵州、广西、湘西一样。这些地方没有这么庞大的移民，却也同样建立了围绕驻军卫所和驿路的军事移民城镇，成了当地汉语传播的核心。

西南土司借助易守难攻的地势，以致清朝平定大小金川代价巨大。清代的改土归流更加促成了方言的一致——强制废除地方民族自治的土司王国后，本来封闭的土地改由中央委任的官员治理。这些土司领地今日看来偏僻，在当时官员的报告中却以富庶著称——人口剧烈增长的内地陷入贫困内卷化的顽疾，前土司辖地却耕地面积广大。于是，改土归流成功后，这些地方吸引了蜂拥而来的周边移民，形成大片的西南官话区域。值得一提的是，一些地区的老移民因为口音不同还遭受了新移民的歧视。例如在贵州北部，明朝进入山区的移民因为与改土归流后的新移民差异巨大，也被当成了蛮夷，被称为"凤头苗""穿青"等。实际上他们所说的语言只是一种与新移民不太相同的西南官话。

哪里的羊肉最好吃

文 | 陆碌碌

中国每个产羊地区都认为自家的羊肉最好吃，但什么人最有资格评价羊肉高下，什么是羊肉好吃的标准？羊肉风味高下与何种因素相关？

很少有人争论中国哪儿的猪、牛、鸡、鸭更好吃。但谈到羊，无论产羊还是不产羊的地方，只要是经常吃羊肉的群体，往往都各有一套意见。然而，并非所有人的看法都是有参考价值的。

什么人最有资格评价羊肉

如果你生活在很少有机会吃到羊肉的地区，最好不要参与评价。物流发达的大都市人，虽然离产羊区较远，但有机会吃到各地的羊肉，并且烹饪方式丰富多样。如果你平时喜欢吃羊肉，似乎非常有资格点评各地羊肉。非产羊区的人能吃到的羊肉，全赖发达的冷链物流。但肉在冷藏流转时，蛋白质、脂肪以及水分（会结成冰晶）等都会无可避免地发生严重影响风味和口感的变化。如果你吃的大部分是这种羊肉，并且是像木材坚硬时刨出来的薄片，大多数情况下，你只能分辨出它确实是肉类，至于其是否确为羊肉则很难说。

但大都市的羊肉爱好者不必绝望，因为已经有了能把羊肉风味损失大幅降低的冷藏技术。它只需要做到以下三点：快速冻结羊肉、把肉大块冷藏、以更低温度保存。只是，快速冻结和超低温冷藏设备成本高昂，国内不能生产，而且即使最先进的冷藏技术，也无法避免风味的损失。短期内非羊肉产区的居民还不具备点评羊肉的资格。

所以，能评价羊肉好坏的群体，首先得生活在能吃到新鲜羊肉的地区。中国产羊地区从北方的草原、荒漠地带到南方的海南，分布地区极为广阔，土特品种众多，且烹饪方式各异。但是，不同产羊区的日常羊肉消费量和能接触到的羊肉品种却差异极大。2014年羊的人均出栏量最高的地区依次是内蒙古、新疆、西藏、青海、宁夏等地，都在0.8只以上，甩开其他省或区较多。虽然出栏量不等于消费量，因为很多羊被输送到外地，但最靠前的地区羊肉在其肉食消费中的地位却毋庸置疑。

省份	内蒙古	新疆	西藏	青海	宁夏	甘肃	山东	河北	河南
人均出栏量（只）	2.26	1.45	1.41	1.09	0.83	0.43	0.32	0.30	0.22

2014年羊的人均出栏量最高的几个省或区。

全于羊的品种——1989年版的《中国羊品种志》统计，新疆有8种绵羊、1种山羊，内蒙古有5种绵羊、1种山羊，甘肃出产5种绵羊、1种山羊，这是羊品种最丰富的几个省或区。虽然近年引种和育种有所增加，但这份数据仍可作大致参考。从产羊区及羊的品种这两条标准看，内蒙古、新疆和西北地区的人更有资格评价哪儿的羊肉更好吃。而中国东部和南方有些地方虽然也产羊，但本地品种以山羊为多，山羊肉被普遍认为味道远不如绵羊肉。

在盛产羊的地区，关于羊肉的评价标准非常一致：羊肉的好吃在于其独特的风味，最能体现优质羊肉风味的烹饪方式只有一种——以清水炖煮，除了盐和葱，不

清水炖煮是内蒙古、新疆、宁夏、甘肃等省区常见的羊肉吃法，也是羊肉的"试金石"。

要加其他香辛调料。而非产羊区常见的羊肉烹饪方式则多以黄焖、红烧、烤制为主，烹饪时会加上八角、辣椒、花椒、姜、蒜等香料。在产羊区的人看来，加了很多香料的烹饪方式显然有损羊肉风味，多少都有异味太重只能靠调料掩盖的嫌疑。但并非所有羊肉都适合清炖，普遍的看法是羊肉要有浓郁的风味，但膻味太重就不适合炖煮。无论羊肉消费多寡，大部分地区的人普遍不喜欢膻味。

膻味和风味自何而来

成熟羊的膻味浓于羔羊，公羊也常被认为膻味浓于羯羊（阉割过的公羊）和母羊（后者在实验中存争议），因而膻味常被怀疑是雄性激素。膻味来自脂肪中的挥发性化学物质，但究竟是什么化学成分也有较多争议。比较公认的说法是，膻味与几种含 8～10 个碳原子的支链脂肪酸有关，主要包括 4- 甲基辛酸、4- 乙基辛酸、4- 甲基壬酸等几种酸类，而这几种酸类与雄性激素浓度之间没有发现相关性。脂肪含量同样可以解释膻味是否强烈。羔羊脂肪少，膻味轻。随着年龄增长，羊会像人类一样发胖，脂肪更多地积累于皮下脂肪中，故膻味更重。品种上，绵羊膻味明显弱于山羊，南方人喜欢用近似黄焖的方式烹饪羊肉，或不太接受羊肉，很大程度上是因为南方大都只产山羊。在绵羊中，毛与肉往往难以得兼。羊毛越精细的品种，羊肉膻味越大；羊毛粗糙，羊肉膻味则弱一些。苏尼特羊、乌珠穆沁羊、滩羊、哈萨克羊和阿勒泰羊等都是粗毛羊，都有无膻味的美誉。但膻味差异更主要的可能不是基因，而是羊的年龄：可以卖羊毛的羊在宰杀时通常更老，膻味较重；而用于卖肉的羊通常在较年轻的最佳食用时间被宰杀。

肉类的风味主要来自脂肪，羊肉的膻味和其他风味也不例外。人们认为烤肉最香，尤其是肥肉烤着香，是因为烧烤会让脂肪最大限度地挥发。缺乏羊肉辨别经验者，光凭瘦肉有时很难区分羊肉和其他肉。北京曾有人实验，在鸡肉、猪肉、牛肉中混入羊肉脂肪烤制成串，与真正的羊肉串混在一起，自称爱好羊肉的志愿者有三分之一产生了误判。羊肉产区经验丰富的食客，能

路边摊的烤羊肉串不乏以鸭肉为替代原料。只要店家稍稍"走心"，一般食客就难以辨别。

辨别的不仅是脂肪中的风味，羊肉中如肌苷酸、核糖、含硫氨酸和某些鲜味物质，都是他们能分辨且非常在意的正面滋味，这类风味，往往需要清水炖煮才能见高下。

决定羊肉口感的不止风味，还有嫩度、多汁性等。两者与羊肉含水量有密切关系。肉的主要成分是水，但通常脂肪组织含水很少。因而肉中并不是脂肪越多、风味越浓郁越好，最好吃的羊肉是脂肪含量和水含量达到某种平衡。国外有人做过试吃调研得到一个量化结果：当肌肉中脂肪含量低于 3% 时，每增加一点脂肪含量，口感都显著改善；超过 3% 后，脂肪含量的增加对口感的改善没那么显著。直至超过 7.3%，没有改善口感，反而让人担心肥胖问题了。羔羊比起成年羊，含水量更多、脂肪更少、肉更嫩、易熟，但风味浅，适合涮；喜欢风味浓郁的，可以选羯羊，尤其是吃手扒肉时。

羊身上不同部位、不同组织的脂肪和水含量明显不同，所以口感会有很大区别，这与羊的运动方式和脂肪存贮位置有关。以新疆的多浪羊为例，这种羊用尾巴存贮能量，尾脂存了大量脂肪，含水量只有 13% 左右；后腿

比前腿一般用力更多，脂肪更少，含水量约74%，高于前腿肉（约61%）。口感上，后腿肉比前腿肉更嫩。此外，这种羊的背肌含水量也很高，为72.1%，也是相对较嫩的部位。

吃草的羊和吃饲料的羊

有些人能从羊肉中辨出甜味、酸味、草腥味、油腥味，甚至还有粪臭等味道。这是羊肉中不同化学物质含量差异造成的结果，例如脂肪酸如同其名，吃起来有酸味。而羊肉风味中的大多数化学物质都与羊的食物有一定影响。以"草腥味"为例，这是一种3-甲基吲哚（也称粪臭素）和对甲酚产生的异味，草饲的羊比谷饲的羊更易产生草腥味，饲草中，又以苜蓿草最为明显。膻味也受食物影响。膻味物质的甲基侧链的脂肪酸，是由丙酸代谢产生的甲基丙二酸在肝脏或其他组织中形成。如果羊食用了更多大麦、玉米等谷物，瘤胃中的丙酸浓度会上升，合成更多该类脂肪酸。

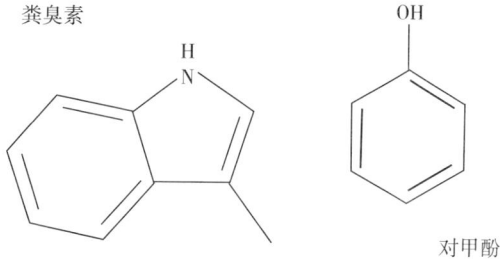

粪臭素

对甲酚

但是，羊的常见食物对其风味有哪些影响、程度如何，目前的研究结果很少。在我国，现阶段主要关心的是量的多少，而非品质问题，真正在意和关心羊肉风味的地区，通常科研技术较落后，不同的研究结论往往互相冲突。牧民普遍认为，食用多种草的羊更好吃。有些经验丰富的牧民会认为，一平方米之内草的种类达到11种以上的才是好草原。同一类草大片蔓延的地区，看起来很美，但往往不受羊和牧民欢迎。不过这一"经验"可能逐渐会失去用处。野草在今天不是一种经济、环保的饲料来源。中国天然牧场逐渐减少，休牧禁牧（参看《内蒙古自治区人民政府办公厅关于健全生态保护补偿机制的实施意见》)的地域和时间在增加，羊在此期间会食用更多谷物。与此同时，减少了运动量的羊也更容易增肥了。

哪儿的羊最好吃

其他产羊大国的人远不像我们这样在意这个问题。一方面这些国家地理跨度远不像中国这么大，更重要的是，他们无论是为了产毛还是产肉，都会不断定向改良优化品种，所以羊的品种远远多于中国。另一方面，这些国家的优质羊肉很难在中国落地推广，因为中国都市消费者目前还吃不出羊肉好坏，牧民只能追求产肉、产毛兼用。所以羊肉好吃不好吃，主要还是靠老天。

中国最有资格评价羊肉好坏的人，心目中最好的羊，自然都产自家乡的某个地方。然而，他们对什么地方出好羊，整体看法却出奇的一致：最好的羊不是产自水草丰茂的草原，甚至越是水草丰美的地区，羊肉的风味就相对越差，最好的羊往往都产自半荒漠化的草原。在内蒙古锡林郭勒盟的羊声名在外；但在锡盟内部，西北部的苏尼特羊有"特供"之称；在苏尼特羊中，西苏（苏尼特右旗）和东苏（苏尼特左旗）相比，荒漠化和戈壁草原地貌的西苏更胜一筹；而东苏挨着阿巴嘎旗，这一路向东是水草丰茂景色宜人的呼伦贝尔方向，羊肉味道略差。

在新疆，人们普遍认为南疆的羊比北疆阿尔泰地区和天山北坡草原的羊风味更胜一筹。而天山南北降水量差距很大，北疆山地草原有北冰洋水汽进入，降雨量与内蒙古东部相当，而高山环绕的塔里木盆地是最干旱地区。至于被《舌尖上的中国II：秘境》评为中国最好吃的宁夏滩羊，同样生活在非常干旱的半荒漠化地区。

虽然各地都认为荒漠化的干旱地区羊肉最好，但具体的解释却有极大差异。有的地方认为，因为羊喜欢吃盐，而盐碱有助于提升羊肉风味，所以有盐碱地的地方羊最好。有的则认为，水草丰茂的地方，牧草虽然看着绿油油的，但营养很低；而荒漠化的草原，虽然稀疏的红色、紫色牧草看着刺眼，但营养丰富。而以半圈养方式养羊的南疆人则认为，草原上的羊没机会吃玉米，只能吃没营养的牧草，所以肉味寡淡。有的地方则认为是当地特有植物譬如野葱改善了羊的风味……这些本地化的"经验"显然有很大的脑补成分，而且它们往往是不兼容的。目前科研机构从羊对环境的适应性进化角度的研究结论，虽然尚显粗略，但至少更具普适和兼容性：环境严酷的半荒漠戈壁地区，羊需要储存更多能量，通常水分含量更少、干物质更多，因此风味更为浓郁。但在水草丰美、食物充足的地区，羊没有多大的必要存储能量，风味物质含量低，故评价相对较差。

相比产地，羊身上不同部位的口感影响更大，至少目前已有的单盲测试证明，常年吃冰冻肉的人也能分辨不同部位的优劣。如果从羊身上取相同部位，产羊区的人多半能分辨产区高下，而大都市的食客就没那么灵敏了。

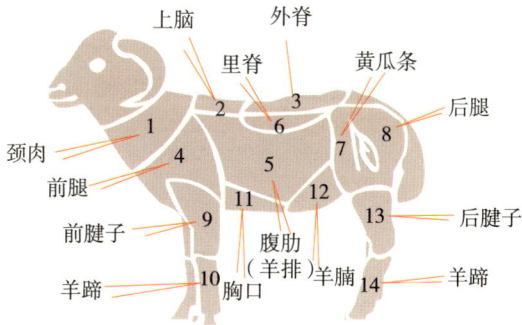

羊肉部位图

随着中国人民逐渐富裕，改善羊肉风味的研究投入逐渐增加。20世纪晚期，羊肉的风味物质成分被发现后，研究人员致力于研究羊肉、羊奶的脱膻工艺，遗憾的是目前尚没有重大进展。有不少不法分子为了以次充好、以假乱真，发明了羊肉香精、羊肉香膏等产品，这些产品能让羊肉风味更浓，也让其他肉类吃上去更像羊肉。对于部分食客来说，平时吃到的最好吃的羊肉，很可能是羊肉香精撒得多的"羊肉"。

湖北人为什么被叫作"九头鸟"

文丨吴 余

"九头鸟"这个诡异的别称，与楚文化、张居正、汉口的商业地位都没关系，它真正的原因，你一定想不到。

比起四周安徽、重庆、河南、湖南等省市的人，湖北人的特征一直不清不楚，只有一句"天上九头鸟，地下湖北佬"人尽皆知。但要说"九头鸟"意味着什么，连湖北人自己都说不清：精明？干练？甚至连这句话是褒是贬都有争议。不少热爱家乡的湖北人解释这句话时，会说湖北人更会做生意，或者扯上先秦楚文化，抑或乡贤张居正的事迹，并引以为豪。这句话到底是什么意思？湖北人为什么会被称为"九头鸟"？

湖北人有多狡猾呢

今天的湖北人，对"九头鸟"抱有相当复杂的感情。一方面，在多数外地人嘴里，这听着实在不像什么好话，好在含义模糊，没有什么明确的指向性。但随着流传日久，"九头鸟"已然成为湖北人的代称。不少人将其解释成精明强干的美德，将其升格为地域认同的标志。最典型的就是开遍北京的"九头鸟酒家"。不过，湖北人热烈拥抱九头鸟实在是相当晚近的现象。数十年前，"九头鸟"无疑是个地域攻击专有名词，如据著名将领、湖南人文强回忆，他在黄埔军校与林彪互殴时，就以互骂"湖南骡子""九头鸟"开场；1963 年，毛主席结识湖北舞蹈演员孟锦云后，戏称其"小九头鸟"，孟赶忙岔开话题："九头鸟不好听，怪可怕的。我们武汉的黄鹤楼您去过吗？"（见

郭金荣《走进毛泽东的最后岁月》）

　　事实上，从历史文献中可以确定，"天上九头鸟，地下湖北佬"的说法最早出自清末民初笔记汇编《清稗类钞》，从一开始，这个词就是贬义的："时人以九头鸟能预知一切，故以之比聪俊者。后更转以讥狡猾之人，而曰：'天上有九头鸟，地下有湖北佬。'盖言楚人多诈故也。"可见，"九头鸟"自始就是讥讽人用的。

明刊本《山海经》中的"九头鸟"

　　而在民国时代，这句话还有另一层偏见——指的是湖北人刁蛮、好斗。学者兼作家林语堂，在其著作《吾国与吾民》中写道："至汉口南北，所谓华中部分，居住有狂噪咒骂而好诈之湖北居民，中国向有'天上九头鸟，地下湖北佬'之俗谚，盖湖北人精明强悍，颇有胡椒之辣，犹不够刺激，尚须爆之以油，然后煞瘾之概，故譬之于神秘之九头鸟。"更典型的事例出自蒋介石。据《武汉文史资料》记载，1932年6月，蒋介石在会议上大骂湖北官员搞内斗："从前，北洋军阀把湖北省当作殖民地，任意宰割，你们湖北人连屁都不敢放一个！现在，把省政府交给你们湖北人自己管理，你们不但不好好干，反而相互攻讦……怪不得人家说：'天上九头鸟，地下湖北佬。'湖北人真是难缠得很！"对于这种地域偏见，热爱家乡的当代湖北人想方设法打圆场。流传最广的一种辩解是，这是因为湖北人张居正在明朝推行变法时重用了9位湖北籍官员，反动派便以"九头鸟"攻击正义的湖北人。

只是，这在历史文献中完全没有证据。看起来较合理的另一种解释是，这是因为旧时武汉为九省通衢，湖北人较早从事商业，善于做生意，因此给外人留下了精明的印象。但事实是直到晚清民国，湖北本地人在当地商业中的参与比重都非常低。如日本驻汉口总领事水野幸吉认为："如汉口之大商业地，其有力之商人，大概为广东、宁波人，而湖北之土人，却不过营小规模之商业，工业颇幼稚。"张之洞也认为："汉口之商，外省人多，本省人少。"德国探险家李希霍芬的观察更加尖锐："湖北的居民，主要是农民，其商业委之于山西人和江西人，运输业让给了浙江人和湖南人。"可见，湖北人善做生意只是现代想象。

不过，李希霍芬的说法，却很可能从另一面接近了事实真相：在"九头鸟"的说法出现的时代，湖北的农民群体是全中国最聪明彪悍的。

北有"黄泛区"，南有"长泛区"

提及地理环境塑造行为模式，行为模式造成地域偏见的案例，最广为人知的案例无疑是"黄泛区"。由于黄河和淮河的定期泛滥，当地居民无法稳定的积蓄财富，长期以来形成了注重短期行为、为生存不择手段等行为偏好，进而导致周边的河南、安徽、苏北成了被地域攻击的常客。但人们往往忽略的是，类似的故事并不止发生在黄泛区。在长江流域，也有一块洪水定期肆虐的地带，这就是长江中游的江汉平原。江汉平原位于湖北省中南部，因地势低洼，长江和汉江带来的泥沙在此形成冲积平原，因此得名。清末民初，江汉平原的居民占湖北人口一半以上。自古以来，江汉平原都是长江流域乃至全国洪灾最频发的地区。长江在此称为荆江，水流缓慢，河道蜿蜒曲折。汉江也有"曲莫如汉"之说。每到汛期，排水不畅，大水极易漫过或冲破河堤。同时，江汉平原也是全国湖泊密度最大的地区之一——20世纪50年代尚有湖泊1066个，占总面积的1/6，湖北省也因此被称为"千湖之国"。

20世纪80年代的调查表明，江汉平原核心地带约有3/4的耕地处于洪水位线以下，直接或间接受洪水影响。这意味着应对洪灾的行为，在当地居民的行为模式中占据重要一环。与黄泛区高度相似的是，江汉平原的居民历来有不好积蓄、耕种技术粗放的民俗传统，地方志里的类似记载从先秦一直延续到民国。这显然与定期肆虐的洪水直接相关：洪水一来，一切都付之东流，积蓄毫无意义。不过，比起黄河和淮河，长江和汉江带给当地居民的并非只有灾难。河流的泥沙带来了肥沃的耕地，即便考虑危险的洪水和粗放的技术，留在家乡耕作也是值得的。如果洪水发生在夏季而非秋季，灾后往往还能赶种一季水稻。即便尽成泽国，由于渔产丰富，农民也可以改当渔民。

因此江汉平原虽然频频遭灾，但居民并没有像黄泛区那样，大量变成"响马"、盗匪和流民，侵扰周边地区。但这并不意味着湖北农民就可以安贫乐道下去。在整个清代，江汉平原的大灾频率一直在提高。据地方志统计，当地洪灾从康熙朝的平均3.2年一次，到乾隆朝的2.7年一次，再到道光朝的1.5年一次。这是因为随着明清以来的"江西填湖广"和人口增长，江汉平原的人口从明末的180万增长到19世纪中叶的1800余万。为了养活人口，当地居民在数个世纪中大规模围垸筑堤，将原来的江滩、湖泽变成耕地。但围垸越多，容水空间便越小，大水就越容易破堤而出。

越来越高的人口密度，使当地居民间的关系越来越接近零和博弈，而越发肆虐的洪水，则会频繁打破当地的社会经济秩序。几乎每次洪水一来，都会迫使人们为了土地和生活相互争斗。随着洪灾频率越来越高，围绕洪灾的民间冲突也越来越激烈、越来越常态化。人畜无害的湖北农民，由此被冠上"九头鸟"的称号。

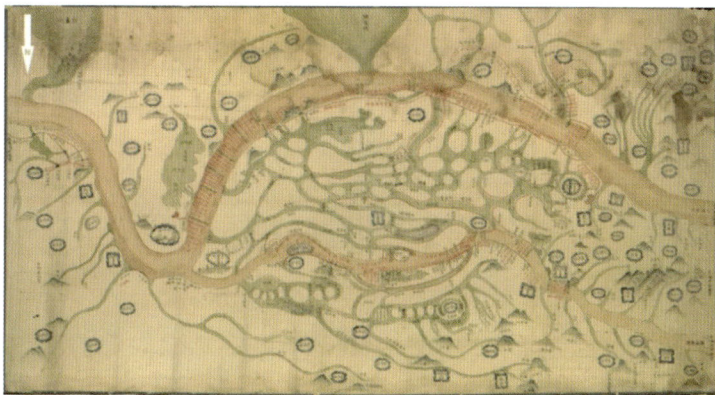

清代《湖北省江汉堤工图》

江汉平原暴力史

　　江汉平原上的械斗，最早可追溯至明代成化年间（15世纪后期），这正是"江西填湖广"起始之时。土与客的矛盾为江汉平原上的暴力埋下了最初的种子。围绕田土、湖权（即湖区的采集、捕捞权）归属的争议，到了清代中期（18世纪后期）陡然增多，这与前述洪水频率的提高有着直接的关系。

　　在明清时期，官府解决土地纠纷，主要依据为征农业税而编订的官册，即所谓"控争田土以钱粮官册为凭"。但在江汉平原，这种凭据却常常失效：因为每次洪水冲刷，都会极大改变当地地貌，要么冲毁田界，要么使田地变成湖泽，要么使湖泽露出水面变成淤地。如此频繁的地貌变化，官方的土地登记完全跟不上，更无从做出让各方信服的处理。其结果是，每次灾后，土地和湖区秩序就会陷入混乱。

因此，农民之间对田土、湖权的争夺，只能用暴力分出胜负。在传统社会下，他们能仰仗的只有宗族的力量。江汉平原上的宗族豪强由此逐步坐大，江汉平原也成为南岭以北宗族械斗最为集中的地区。又因为太平天国战争后，湖北地方的军事化，每次械斗都能动员大量鸟枪土炮，打得血光四起。如汉川豪强黄氏，就曾与其他宗族为控制汈汊湖相争几个世纪。1949 年前，该县各大族都训练有一群打手、储有武器，随时准备械斗。汉阳县（今为蔡甸区）内亦如此。宗族械斗在清末民初频繁发生。如在 1911 年，当地郑、周两族械斗，双方都有 200 多名青壮年参加，造成大量死伤。甚至在 1949 年以后宗族械斗仍在继续。1957 年，汉川严氏出动 43 只渔船共 140 人与天门肖氏械斗。即便宗族衰落，地方间的械斗仍在继续。1963 年，沔阳、汉阳民众为争湖草爆发械斗，沔阳方甚至出动了1300 余人。

宗族间的战争不只会用蛮力。频繁告官、上访，是斗争的另一种武器。清代以来，湖北人素有"健讼"的恶名。在湖北做官的名臣于成龙就说："楚黄健讼，从来久矣。"湖广总督毕沅说："楚北民气浇漓，讼风最甚。"连乾隆都在手谕中痛斥："楚省民情刁悍，素以健讼为能。"古代传统社会的官方价值观是"息讼"，爱打官司的都是"刁民"，但这些告官的人也不是省油的灯。由于土地所有权难以确定，诉讼各方大量伪造陈年地契，你拿出康熙年的，我就拿出崇祯年的，让地方官很是头疼。更让地方官气恼的是，去北京上访的人——肆无忌惮地编造地方官贪赃枉法、谋财害命等剧情，只求能耸动朝廷，让案件得到受理。

甚至有些情况下，械斗和告官被很多宗族打成了组合技能。常见的情况是等对方手里有了人命，就抬尸告官。长年累月下来，不少人甚至总结出"若要官事赢，除非死一人"的经验，即动员年老的宗族成员在械斗中主动送命。

这种看似与宗族价值观完全相悖的惨案，在江汉平原持续发生。仅

1933 年至 1947 年，在洪湖地区一个镇里，就有 18 人在械斗中被自己人打死——在严酷的斗争环境下，当地宗族演化出了一套独特的家庭伦理。例如在研究者关注的汉川黄氏，读书做官者在族谱里的地位，远不如带领族人争讼械斗的头领。也就是说，相比于强调"耕读传家"的传统宗族，当地社会更鼓励培养强悍刁蛮的斗士。在社会压力和荣誉感的作用下，很多考取功名、在外地当官的族人，也会在家乡有事时辞官回乡，领导争讼和械斗。

田土和湖权之争，不过是江汉居民的日常生活，而更大规模的民间对抗则发生在洪水即将到来之际。由于堤坝和围垸保护了两岸大量耕地，洪水的到来通常会变成一场零和博弈：一侧江堤的溃决，同时会确保对岸江堤的安全，下游江堤溃决，同时会减轻上游江堤的压力。在争斗成为习惯的江汉平原，为求自保的人们常常故意盗挖对岸或邻垸堤坝，或堵塞本方河口，把洪水引向别家。伴随而来的，是大规模跨地域的械斗。这种行动甚至有地方官带头。如咸丰十年（1860 年）荆江大水，北岸官员在北堤危险之际，悍然向南岸开炮，轰退南岸抢险人群，致南堤先溃，北岸转危为安；1839 年后，上游的监利县民与下游的沔阳县民为是否要堵住子贝渊决口而不断械斗，一年死亡人口高达数千；1882 年，江陵知县吴耀斗亲自派人扒开已建好的河堤。这些冲突同样伴随着无数尔虞我诈和漫长的诉讼。最典型的是在子贝渊冲突中，监利人用钱贿赂沔阳士绅头领范学儒，使其默许监利人偷挖堤坝。不想事情败露，范学儒只得派人将挖堤者全部淹死，结果"监沔如冰炭水火，虽至亲至戚，亦同为仇敌"。

客观而言，1949 年后，这些冲突虽然并未消失，但其频率越来越低、规模越来越小，也越来越不致命。这是因为，1949 年后，土地、湖泊、河流都被收归国有和集体，有了政府和集体的管理，几乎不可能出现土地秩序和救灾秩序的无政府状态。而且自 1954 年以后，江汉平原的主要堤防大多保持平安，自然消除了大部分由溃堤引起的社会冲突。1954 年的长江流域特大洪水，是荆江大堤最后一次溃口分洪。即使在科技发达的今天，仍然需要通过爆破、破垸分洪来解决水位压力。

1949 年以后，政府对于农民之间的暴力纠纷处理得游刃有余：1950 年，黄冈与鄂城农民为江中淤洲的归属问题而械斗，政府立即介入，反复强调"天下农民是一家"，非敌我矛盾；1959 年，汉川、沔阳民众发生械斗，致 1 人淹死、10 人重伤、62 人轻伤。但处理此事的上级工作组开宗明义，确定此"纯属内部纠纷"。这片盛产"九头鸟"的沃土，就这样在新中国迎来了 300 年来最好的日子。即便自家依然偶尔会被洪水淹没，江汉平原上的湖北人也不再会像过去那样，仇恨和算计自己的邻居。

参考文献

[1] 张家炎 . 江汉平原清后期以来与水利有关的有组织的暴力冲突 [J]. 中国乡村研究，2013（00）:120-141.

[2] 张小也 . 明清时期区域社会中的民事法秩序——以湖北汉川汃汉黄氏的《湖案》为中心 [J]. 中国社会科学，2005（06）:189-201，209.

[3] 徐新创 . 明清时期长江中游地区土地利用 / 土地覆被变化的洪涝灾害效应——以江汉平原为例 [D]. 华中师范大学，2007.

新知

为什么理工科男多女少

文 | 朱不换 吴 余

为什么程序员、工程师都是男多女少？为什么大学理工科男性多于女性，而文科男性又远少于女性？

说起程序员，人们首先想到的是穿着随意、不修边幅的宅男，很少会联想到女性。这一直觉印象确有数据支持，且中外皆然：据 2014 年 TechWeb 网站的一项统计，中国 80% 的程序员是男性，2016 年的美国则是 77%。

在其他理工类行业中，男性也明显更多。据美国国家科学基金会 2015 年统计，美国科学家和传统工程师从业者中，女性仅占 28%。与此同时，女性在文字写作领域则占据主导地位。在美国的作家和编剧行业中，女性占 63%；即使在科技文献写作行业，女性人数（56%）也高于男性。在中国编剧行业，女性也后来居上。对于这些普遍存在的职业性别差异，人们很容易认为，这是社会的性别刻板印象和隐性歧视所致。事实真的是如此吗？

社会越发达，男女越不均吗

在人们的经验中，有关性别择业的刻板印象的确在中国社会广泛存在，且的确与特定职业的性别差异脱不了干系。如在高中文理分科时，老师和家长普遍抱有"男孩学理科，女孩学文科"的看法。在高考选专业时，男生更多选择传统埋工科，女生即便考理科，也多会选择"偏文科"的金融、财会、经济类专业。这些选择直接造成了中国高校不同专业间悬殊的性别比例，进而造成职业间悬殊的性别差异。

然而，如果认为只要扭转观念上的刻板印象、推进社会平权，这些差异就能被消除的人，或许是把问题想得太简单了。更大范围内的研究表明，男女在不同职业的人数差异，并非性别观念保守或男权社会的独有现象。反过来说，那些被公认为观念保守的国家，这些理工专业女性的比例未必就低。例如，伊朗、马来西亚、印度尼西亚，都是以性别观念传统的穆斯林占据主导的国家，但据联合国教科文组织 2010 年的统计来看，印尼女性取得工科学位的比例，伊朗、马来西亚女性取得理科学位的比例，都高于大多数西方发达国家。

另一方面，欧美教育学界近 15 年来的研究和统计，则得出了与认为经济发展、社会进步就能促进男女职业平等的传统看法截然相反的结论。美国波士顿学院国际教育成就评价协会的下属研究项目"国际数学与科学趋势研究中心"（TIMSS），调查了全球 53 个国家与地区、超过 30 万名八年级学生对数学的态度，综合数据如下：

数据表明，男性对数学以及数学相关职业比女性更感兴趣，是世界范围内普遍的现象。出人意料的是，许多经济发达、社会进步的地区，女性对数学的兴趣反而较低。例如，男女对数学相关职业的兴趣差距最大的国家和地区依次是荷兰（-23%）、中国香港（-18%）、意大利（-18%）、英国（-17%）、比利时（-17%）。非洲发展中国家博茨瓦纳，是唯一女性对数学相关职业更感兴趣的地区（+2%）。

不过，这一结论虽然反直觉，却能很好地印证海外留学生的观察：在现今欧美大学的理工科学生中，尤其是硕士生和博士生，女生的比例往往会比留学生更低。更重要的是，这一结论能很好地解释欧美教育界所面临的困惑：早在 20 世纪 80 年代，美国教育界便已发现女性在科学、技术、工程、数学等领域代表率不足，将其归咎于教育不平等并开展改革措施。这些措施虽已大大缩小了男女生在中学数学成绩上的差距，但时至今日，这些领域对女性的吸引力仍远不如男性。

各个国家和地区男女生对数学的兴趣差异

数值为正代表女生占比更高，数值为负代表男生占比更高。
A："我觉得学数学有意思。"B："我立志从事数学相关工作。"

	A	B		A	B
亚美尼亚	+1%	−11%	摩尔多瓦	+6%	−4%
澳大利亚	−6%	−14%	摩洛哥	−2%	−7%
巴林岛	−3%	−8%	荷兰	−5%	−23%
比利时	−4%	−17%	新西兰	−9%	−16%
博茨瓦纳	+2%	+2%	挪威	−3%	−11%
保加利亚	0%	−8%	巴勒斯坦	−1%	−7%
加拿大安大略	−6%	−9%	菲律宾	+2%	−4%
加拿大魁北克	−2%	−14%	罗马尼亚	+3%	−6%
智利	−6%	−11%	俄罗斯	+3%	−9%
哥伦比亚	0%	−	沙特阿拉伯	−6%	−10%
塞浦路斯	+2%	−5%	苏格兰	−4%	−11%
捷克共和国	+4%	−	塞尔维亚	+5%	−2%
埃及	−3%	−7%	新加坡	+1%	−7%
英格兰	−9%	−17%	斯洛伐克共和国	−2%	−11%
加纳	−2%	−1%	斯洛文尼亚	0%	−12%
中国香港	−11%	−18%	南非	−1%	1%
匈牙利	−1%	−12%	西班牙：巴斯克	−1%	−9%
印度尼西亚	+2%	0%	瑞典	−3%	−11%
伊朗	−2%	−11%	叙利亚共和国	−2%	−4%
以色列	−1%	−8%	泰国	+1%	−2%
意大利	−5%	−18%	突尼斯	−3%	−11%
日本	−10%	−11%	土耳其	+1%	−7%
约旦	−3%	−7%	美国	−4%	−10%
韩国	−4%	−7%	平均值	−2%	−9%
科威特	−5%	−	**按国家和地区划分**		
拉脱维亚	+2%	−8%	工业先进国家	−5%	−13%
黎巴嫩	−7%	−10%	亚洲新兴国家	−4%	−10%
立陶宛	0%	−8%	亚洲新兴小国	+2%	−1%
马其顿	0%	−6%	前社会主义国家	+2%	−8%
马来西亚	+4%	0%	其他	−3%	−6%

那么如果排除社会进步程度，还有哪些因素能影响女性和男性的择业差别，并让身处开放社会的女性对数学丧失兴趣？

男生数学好，女生语文好

另一项世界范围内的大规模研究，或许能为这一问题提供答案。国际学生评估项目（Program for International Student Assessment，简称 PISA）是一项由经合组织（OECD）统筹的学生能力国际评估计划，2000 年起每 3 年开展一次，评估完成基础教育的 15 岁学生的技能水平。PISA 测试包括阅读、数学、科学三个科目，2012 年又加入计算机。至今已完成了对 75 个国家和地区、150 万学生的测试和统计。

国家与地区	数学成绩	女生数学减去男生数学的差	阅读成绩	女生阅读减去男生阅读的差
中国上海	600	2	556	40
韩国	546	−4	540	35
芬兰	540	−3	536	55
中国香港	554	−14	534	32
新加坡	562	−6	526	31
加拿大	527	−12	524	35
新西兰	519	−8	522	45
日本	529	−10	520	39
澳大利亚	514	−10	514	37
荷兰	526	−17	508	25

部分地区 PISA 2009 数学和阅读测试结果

2009 年起，PISA 测试开始应用于教育学界关心的男女差异问题，结果同样出乎人们意料。据 2009 年统计，虽然女生数学得分在 79% 的地区低于男生，平均分较男生低 12 分，但与此同时，更大的差异则在于阅读科目：在所有参与测试的国家，男生阅读得分都比女生低，且平均分差高达 39 分，几乎相当于一年受教育水平。

在表现最好的学生群体中，数学和阅读两科呈现显著的性别分化。数学最好的学生中，男生是女生的近 2 倍，而在阅读最好的学生中，女生是男生的 5.6 倍。

这些测试结果说明了什么问题？

据英国利兹大学与美国密苏里大学两位心理学研究者对 2000 年至 2009 年 PISA 测试结果的分析，上述成绩差异，与传统认知中被视为差异源头的各国发展水平、平权程度并无一致的相关性。

他们发现的另一个现象是，PISA 测试中男生在阅读上的劣势，与女生在数学上的劣势之间，反而存在较显著的负相关。也就是说，如果一个地区男女生在数学得分上的差异越小，那么男生在阅读项目上的劣势就越大。

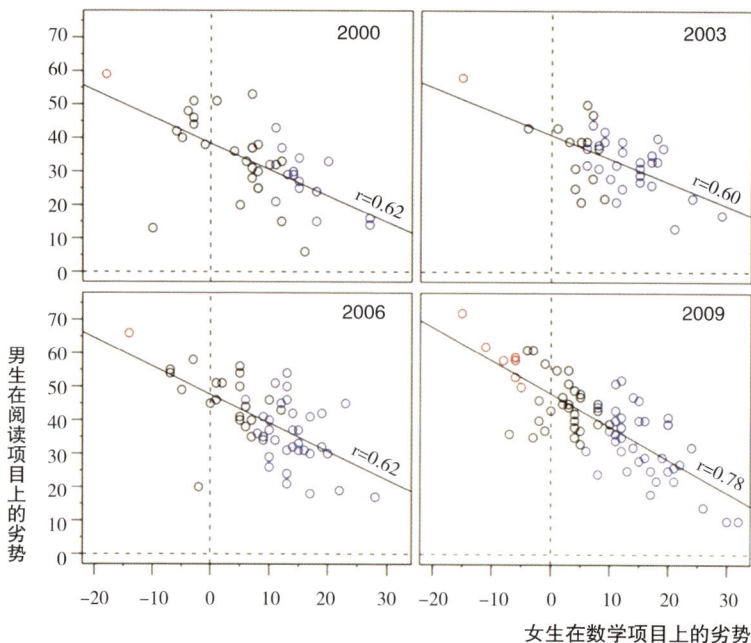

换言之，无论女生的数学成绩相对男生是高是低，女生在文科领域始终能占据巨大的相对优势。数学越好，在阅读上的优势也就越大。这一数据也能在中国高中数据中得到部分印证：根据对浙江省 2006 年至 2014 年的高考成绩的抽样调查，女生语文、英语和其他文科成绩连续 9 年高于男生（甚至包括偏文科的生物）。男生仅在数学（理科类）和物理、化学上占有优势，但幅度均小于语文和英语。

学科	性别	年份								
		2014	2013	2012	2011	2010	2009	2008	2007	2006
语文	男	96.76	90.77	94.16	89.57	98.21	93.82	85.45	89.64	91.04
	女	102.04	96.97	99.57	94.43	103.82	99.55	90.94	94.57	94.23
数学（文）	男	80.21	89.15	85.85	83.67	85.47	83.16	75.68	71.22	81.91
	女	90.68	100.74	95.67	92.42	92.71	93.71	84.60	80.53	94.52
数学（理）	男	83.25	86.73	95.08	97.71	85.49	96.62	85.54	94.34	100.86
	女	83.15	85.25	94.49	97.36	84.27	96.36	86.27	97.01	102.60
英语	男	67.59	64.57	60.83	58.10	64.62	66.55	90.35	91.97	80.12
	女	79.05	75.66	71.83	67.80	74.54	76.66	102.48	103.88	92.69
思想政治	男	56.26	52.91	49.56	44.63	52.31	46.47	52.29	66.20	51.00
	女	63.35	59.59	55.39	49.45	55.52	52.02	57.23	70.81	53.04
历史	男	55.06	52.70	51.51	49.33	54.76	50.36	41.43	37.70	65.44
	女	56.59	54.28	54.01	51.62	55.58	52.58	41.30	37.42	66.59
地理	男	58.87	52.18	50.23	44.08	55.07	49.65	44.87	47.07	45.85
	女	60.43	53.96	51.12	44.86	54.58	50.73	42.14	45.56	46.28
物理	男	74.44	74.87	66.20	49.43	46.46	65.62	56.25	57.99	63.63
	女	67.93	69.87	62.36	43.70	42.03	60.20	52.42	52.07	57.92
化学	男	54.31	58.25	50.77	52.34	50.55	59.67	58.48	72.28	75.42
	女	52.01	56.32	48.98	52.05	50.49	58.79	58.81	69.82	74.36
生物	男	42.45	52.58	47.60	42.02	41.86	39.59	43.54	40.39	32.65
	女	42.60	52.77	49.48	41.94	42.29	40.71	44.28	39.41	31.22

《新课改高考前后高中生学业成绩与能力的性别差异研究——以浙江省 2006~2014 高考数据为例》

因此，若排除一些地区存在的歧视因素，女生整体上更偏好自己擅长的文科及其相关工作，并非不合情理。发达国家的理工科工作依然男性扎堆，并非因为女性不善于理工科（毕竟还有 21% 的地区女生数学得分更高），而是女性在文科上的优势实在过于显著。

那么，又是什么导致男女间的数学和阅读水平，在世界范围内都呈现出如此引人注目的差异？

进化、性激素与认知能力

从心理学角度上看，新近的研究表明，男性和女性的确有着不同的认知能力。在语言、记忆、数量、空间认知这四大类认知能力中，两性占优势的情况并不相同。

女性占优势的认知任务	男性占优势的认知任务
·语言：同义词联想、语言生成、词的流畅性、移字构词、阅读理解、写作	·空间认知：心理图像旋转、图像信息生成与使用、空间知觉、空间动态任务、物理推理
·记忆：对词、东西、个人体验和位置的记忆	·数量：应用题求解
·数量：运算	·语言：语义关系类比反义

女性占优势的这几类任务，大都与记忆和语言有关，要么需要对记忆中存储的信息进行快速访问，要么需要使用语言符号对信息进行操作和创造。

男性占优势的这些任务，则大都涉及对心理图像进行维护和操作。

对作家、编剧这些职业来说，丰富的词汇和流畅的语言是关键认知技能，女性能在这类行业中占优并不足奇。而对工程师、程序员来说，操作心理图像的能力则是关键认知技能。例如，计算机编程的过程，需要程序员组织不同的程序函数、模块，以实现任务要求的整体功能。这个组织连接的过程，需要编程者在头脑中用心理图像进行某种预演。

编程过程需要遵循抽象、严格的程序语法，要求程序员具有良好的数学

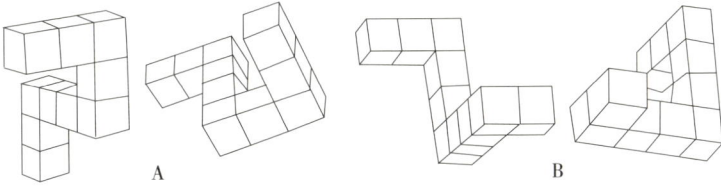

A

B

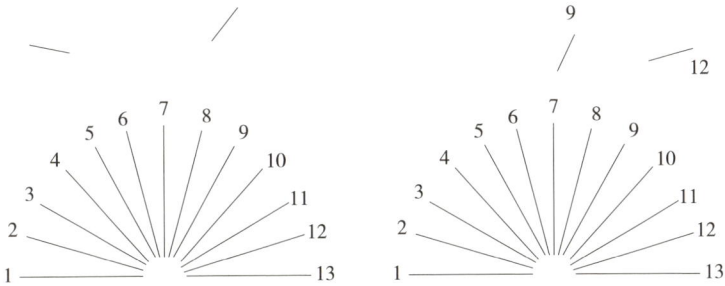

直线方向判断测试。参与者在下半部中，选择与上半部直线相对应的编号。
右图是答案。

典型的心理图像操作任务：判断每组图形中两个物体在旋转后能否重合
（上）；判断上方线段与下方哪个线段的角度相同（下）。

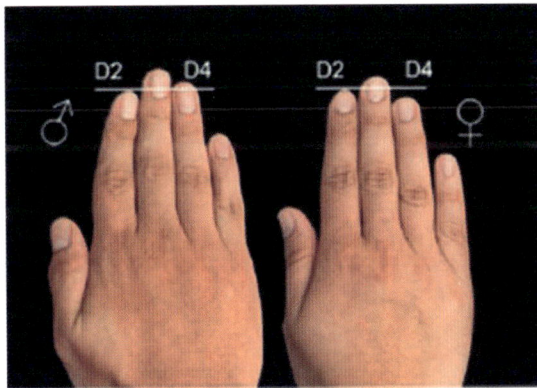

在体貌上，胎儿期雄性激素分泌水平直接体现为食指与无名指的长度之比。雄性激素越
高，则食指/无名指的比值越小，通常空间认知能力较强。雄性激素越低，则两个手指的
比值越高，通常语言和记忆能力较强。左侧为典型男性手，比值小于 1；右侧为典型女性
手，比值大于或接近 1。

推理能力，这也取决于心理图像表征能力。而两性在认知优势上的差别，又可以溯源到男女的生理差异。一个直接的原因，是胎儿期性激素的分泌——男性在胎儿期分泌的雄性激素多，雌性激素少，女性则相反。这两类激素的差异，会轻微影响胎儿大脑的语言、空间认知等功能的走向。

在统计上，一个人在胎儿期雄性激素分泌偏多，则空间认知能力较强，语言认知能力较弱；雄性激素分泌偏少，则空间认知能力较弱，语言认知能力较强。雌性激素的影响方向与雄性激素相反。

若观察动物的大脑发育，就可以发现，在雌大鼠的发情周期中，前期雌性激素水平提高（从 A 到 B），使其大脑中负责记忆的海马区域神经突触增多；后期雌性激素的降低（从 B 到 C），又会使这些突触变少。

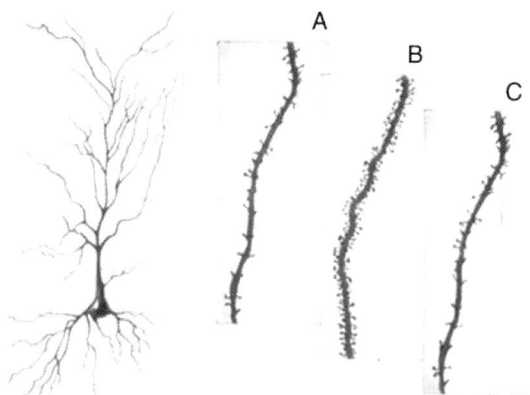

雌鼠发情周期中的激素分泌变化

与之类似的是，在人类女性的月经周期中，排卵期雌性激素水平升高，伴随语言能力上升，空间能力下降；行经期雌性激素水平降低，伴随语言能力下降，空间能力上升。对于这一生理差异的存在原因，进化心理学提供了一种可能的解释。人类男性的空间认知能力优于女性，可能是因为远古人类男性的活动范围比女性更大。

男女认知差异

在远古的狩猎采集分工，导致男女活动范围的差异，进而影响了男女认知能力差别。此外，古代社会多为一夫多妻，雄性要和不同区域的雌性交配，也是导致差异的可能原因。在广袤空间中摸索行走时，不善于辨向认路的男性容易被淘汰，而空间认知能力强的男性基因会遗传下去。这一现象也同样存在于其他动物。科学家调查了大熊猫、恒河猴、大鼠、小鼠、鹿鼠、草地田鼠等动物，发现其中凡是雄性的活动范围更大的物种，雄性的空间认知能力也会比雌性更好。

与雌性相比，雄性大熊猫和黑帽悬猴的活动范围更大，空间认知能力更强。

人类女性的语言能力优于男性，可能也与活动范围大小有关。远古人类女性的活动范围比男性小，这意味着女性在较小空间里与同部落、家族其他人相遇、合作、竞争的频率更高。这时，不善于倾听和言说的女性更容易被淘汰，而语言能力强的女性的基因会遗传下去。不过值得说明的是，进化产生的男女先天认知能力差别并不大。无论在何种统计中，男性和女性各自的内部多样性，都远远大于两性之间的差异。

在那些富足发达的社会，两性的数学兴趣偏好仍存在显著差别的现象，也并非与社会因素无关。一方面，在低生存压力下的自主选择，会更迎合先天优势和兴趣；另一方面，青少年的富足程度，也可能会放大本已较弱的性别刻板印象因素。对自我形象更有追求的女生，可能会更加向女明星等女性化的榜样看齐。

参考文献

[1]Charles M，Harr B，Cech E，et al，Who likes math where? Gender differences in eighth-graders' attitudes around the world，International Studies in Sociology of Education，2014.

[2]Fletcher SH，Cognitive Abilities and Computer Programming，ERIC，1984.

[3]Halpern DF，Sex Differences in Cognitive Abilities，Psychology Press，2012.

[4]Stoet G，Geary DC，Sex differences in mathematics and reading achievement are inversely related：within-and across-nation assessment of 10 years of PISA data，Plos One，2013.

[5]Jones CM，Braithwaite VA，Healy SD，The Evolution of Sex Differences in Spatial Ability，Behavioral Neuroscience Vol.117，2003.

[6] 史蒂芬·平克 . 白板 . 杭州：浙江人民出版社，2016.

为什么戒毒这么困难

文 | 刘大可

毒品之所以难以戒掉，毒品本身的危险性只是原因之一。

毒瘾极难戒断，首先是强烈的身体依赖，但更难摆脱的是精神依赖。戒断生理毒瘾的人，回到旧环境通常很快会复吸，因此我们很少看到能真正戒断成功的瘾君子。这正是世界各国严厉禁毒的原因。

然而，对身体依赖危险性的强调，往往遮蔽了药物成瘾的精神依赖问题。德国与美国的历史表明，精神依赖与身体依赖同等重要。

战时嗑药的德国兵和美国兵

"二战"期间，横扫欧洲的德军以意志狂热、不知疲倦著称，被纳粹当作日耳曼"超人"来宣传。但很少被提及的是，纳粹军队是一支嗑药大军，"二战"期间消耗的冰毒数以亿份计。

毒品出现在战场始于吗啡。1804 年，德国药剂师弗雷德里希·瑟图纳（Friedrich Sertürner，1783~1841）从罂粟中成功提取吗啡，很快投入战场，以其强力镇痛宁神作用，促进伤员返回前线。19 世纪中叶，美国内战大量使用块状吗啡，"吗啡成瘾"成了士兵的职业病。

历时 4 年的"一战"更是一次大规模的药物泛滥，从鸦片、吗啡到可卡因，不仅毁灭了挣扎在生死线上的士兵，还波及被战争夺去正常生活的平民，尤以德国为甚。战败的德国一片焦土，又负担了沉重的战败协议，经济崩溃，民不聊生，毒品越发在国内泛滥起来。1929 年《国际鸦片公约》签署之前，仅柏林的鸦片年产量就达到 200 多吨，5 年内德国全国生产的吗啡和可卡因占世界产量的 40% 左右，是世界第一贩毒大国，连家庭主妇都时常走上街头买一只可卡因排遣压力。因此，希特勒上台后，将禁毒列为优先举措。德意志帝国 1933 年通过的首批法律中，就包括了对吸毒者的无限期强制戒毒，还设立了新的秘密警察部门调查毒品来源——当然也用于构陷犹太人，声称犹太人是毒品贩子。

然而，这位"禁毒英雄"本人后来却成了重度毒品用户，还将毒品推广到全国，引领第三帝国走进了"新毒品时代"。随着 1943 年盟军转守为攻，原本烟酒不沾的希特勒在重压下陷入严重的焦虑症，他的私人医生逐渐给他使用了各种精神振奋药物，包括巴比妥、睾丸素、海洛因，直至新药"柏飞丁"。"柏飞丁"（Pervitin）是甲基苯丙胺在柏林的注册名，这种新药于 1893 年由日本化学家长井长义合成自麻黄碱，并于 1919 年由绪方章完成了结晶化，今天的通用名是"冰毒"。它有极强的振奋和止痛功效，"二战"期

透明晶体的冰毒——麻黄碱原本是治疗失眠、头痛、焦虑、心悸、高血压等症常用药，冰毒与麻黄碱的主要区别是少了一个亲水的羟基，更容易穿透血脑屏障，因此成为精神振奋药剂。

间的同盟国和轴心国双方都发给前线士兵使用。

冰毒也深受前线将士欢迎，使用者活力倍增、精神振奋，不知饥饿疲倦，充满了行动的意愿，效果比吗啡和海洛因更佳——然而冰毒对于人体有严重危害，亢奋之后是持续的萎靡、幻觉、恶心，甚至心力衰竭。人们终于发现染上冰毒的人早晚会死，不是死于戒断后的痛苦，就是死于振奋时的疯狂。虽然甲基苯丙胺在战后恶名昭著，但并不妨碍这类药物继续应用于战场。

苯丙胺类药物再次活跃于战场是通过越南战争中的美军。越南战争后期，泥足深陷的美国政府开始将苯丙胺药丸发放给在越南执行侦察和伏击任务的部队。虽然在名义上规定，战斗前的 48 小时内只能服用 20 毫克安非他命，但这项标准很少有人遵守。从 1966 年至 1969 年，美军共使用了 2.25 亿片精神振奋药物，其中包括安非他命的各种衍生品，数量比"二战"时期增长了一倍有余。最终，越南战场上约 20% 的美军士兵如"二战"德军一样染上了毒瘾。

这令美国民众万分焦虑：一旦战争结束，数以十万计的瘾君子就会招摇过市，带来巨大的社会隐患。然而战争结束后，什么都没有发生。据统计，95% 以上的成瘾军人回国后就自动断绝了毒瘾，重新开始正常生活。相比德国的两次悲剧，更严重的药物泛滥却没有更严重地毁灭美国士兵，这似乎不可思议。其中关键的差异或许在于，"二战"德军是一个民族失败前的垂死挣扎，美军却能回到熟悉安全的家乡。

这一现象提醒我们，药物依赖与环境给予的压力有密切的关系，这显然与人们熟悉的经典认知不大一样。

老鼠实验

经典的毒品成瘾机制理论来自神经生物学，认为滥用药品改变了大脑的奖励机制，使大脑对药物产生了依赖——"毒品导致了毒瘾"。

这套理论建立在一套著名的动物实验上：给笼子里的老鼠两份水，一份是普通的饮用水，一份是勾兑了海洛因的水，老鼠会一遍遍地跑去喝那份有海洛因的水，就连电击也不能阻止它们，最终会把自己活活饿死、累死、撑死。还有一个实验是，海洛因让实验鼠产生了强烈的依赖，直接改变了它的行为方式。从20世纪50年代开始，以豚鼠、兔子乃至猕猴为实验动物的各种改良实验都不断重复验证了这一结论。

在微观层面上，研究者又找到了各种药物依赖的生理机制：哺乳动物会对某种具体的行为产生欲望。这是因为大脑深处有一条称为"奖励系统"的神经通路，其主要递质是"多巴胺"。多巴胺能与某些神经突触上专门的受体结合，最终产生快乐的体验。通常情况下，多巴胺动态地维持在较低的水平，使我们心情平静；但当尝到美食、学会舞蹈、求得爱侣，它就会大量地释放，让我们由衷地感受到成功的喜悦，我们也因此愿意克服困难重复这些行为，不断地进步。

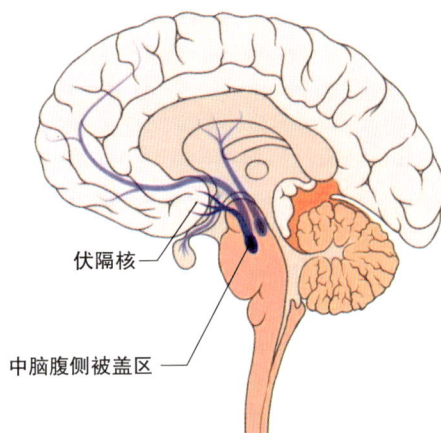

伏隔核

中脑腹侧被盖区

奖励通路是多巴胺通路的一部分，它源于中脑腹侧被盖区，抵达大脑伏隔核。当伏隔核大量释放多巴胺，奖励就产生了。

奖励系统是我们进取的原动力，然而许多药物都能在奖励系统中"作

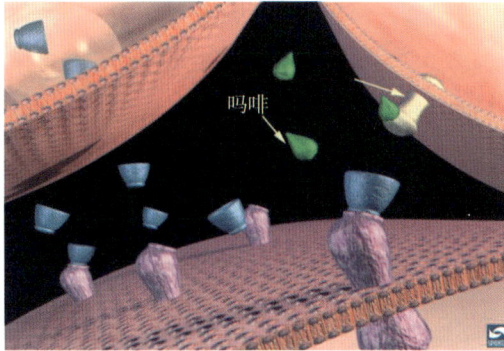

一个伏隔核中的神经突触：左上是释放多巴胺（蓝色）的突触前膜，下方是带有多巴胺受体（紫色）的突触后膜，右上是抑制多巴胺释放的中间神经元。吗啡等鸦片类药物（绿色）能结合中间神经元的阿片受体（黄色），取消抑制作用，也就促进了多巴胺的释放。

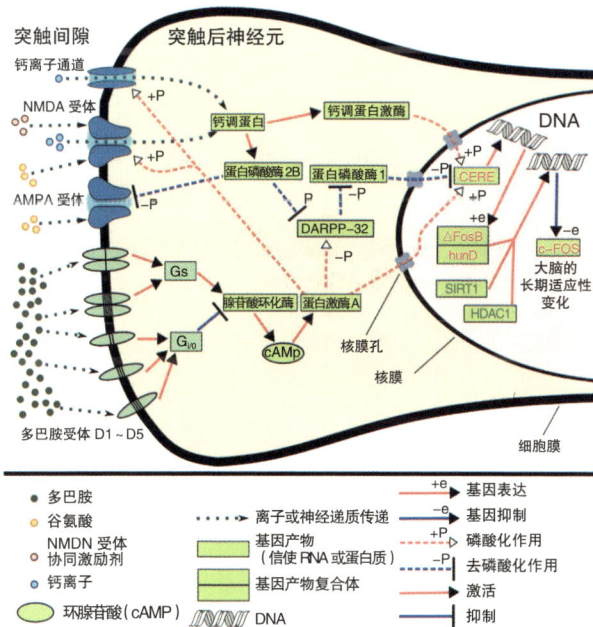

大脑奖励系统受大剂量神经振奋药物影响，产生药物依赖的细胞内信号转导：神经元长期暴露于高剂量的多巴胺（橄榄绿色），则会通过一系列复杂的信号转导促使细胞核合成转录因子 ΔFosB。

弊",它们以各种方式提高多巴胺在神经突触间的浓度,让奖励通路持续兴奋。比如,可卡因能抑制多巴胺在突触间的回收,让多巴胺不断积累;冰毒等苯丙胺类药物能促进突触前膜释放多巴胺;尼古丁和鸦片类药物则中断多巴胺的抑制机制,促使多巴胺超量释放。另外,高含量的多巴胺除了使我们感到快乐,还会改变伏隔核神经元的基因表达,让我们对多巴胺的反应变迟钝,需要更大的成功才能感到喜悦——这原本是敦促我们戒骄戒躁勇攀高峰的生理机制,但药物带来的超量多巴胺会使这一进程变得又快又强。于是短短几周之内,那些原本能让我们感到快乐的行为都变得索然无味,只有越来越多地滥用药物才能满足神经系统的需求,而一旦停药就会陷入痛苦烦躁的戒断反应——这就是难以戒除的药物依赖,或者说"毒瘾"。

而到 20 世纪 90 年代,研究者在成瘾者的伏隔核神经元中发现高水平的"ΔFosB"因子,并进一步地发现它是各种成瘾现象的"分子开关":只要这种蛋白质过量表达,我们就会强烈依赖某种具体的行为,包括吸毒、性交、饮酒、暴食、赌博、网游等。

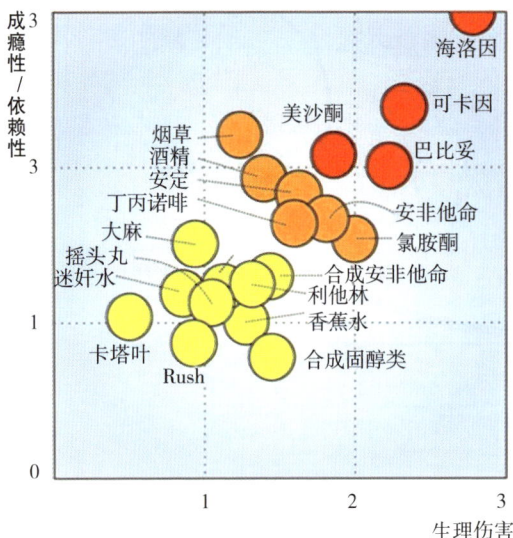

根据调查统计比较不同药物的成瘾性和生理伤害程度,全部使用了最常见的商品名。

既然是"毒品导致了毒瘾",那么戒断疗法就应该让成瘾者离开他们依赖的药物,必要时隔离他们,在他们渴望毒品时给他们制造痛苦的刺激,消除毒品带来的正面激励。这种理念还被推广,治疗酒瘾、暴食，甚至所谓的"网络沉迷"。不过，这种治疗方式也许忽视了某些东西。除了前面那些能抵抗毒瘾的美国兵的例子，我们有必要再回顾一下药物历史。

当毒品被当作药物时

早在 19 世纪末，欧美各国就流行一种"专利药"，这种药品在药店出售，生产商为了表面上的疗效常常故意隐瞒成分和含量，非常类似现在的中成药。许多止痛药、止咳药和感冒药都会加入大量吗啡和酒精，利用它们的镇痛和振奋效果掩盖病情。这些利用大剂量可卡因和鸦片类药物掩盖病情的专利药的确立竿见影，不但能让病症迅速减退，更能使人精神振奋，有时候比健康还"健康"，于是很多人有意识地服用这些专利药，成了瘾君子。

1897 年，德国拜耳公司研发出镇痛效果更强的二乙酰吗啡。因为从来没有人依赖过这种新药，拜耳就将它称作"不会上瘾的吗啡代用品"推广上市。又由于二乙酰吗啡服用后有强烈的成功喜悦感，拜尔将它的商品名定为"英雄"（Heroin），即"海洛因"。海洛因的药效更显著，很快被用于止咳、消炎、抗肿瘤，甚至治疗月经过多等。结果从 1898 年到 20 世纪 20 年代，日益广大的销量让海洛因使用者越来越多，尤其是吗啡成瘾者大量改用海洛因。最终在 1925 年，国联卫生委员会发布了海洛因禁令，昔日的"万灵药"彻底变成臭名昭著的魔鬼。

这似乎确证了"毒品导致了毒瘾"的经典理论，但无论是吗啡还是海洛因，在最初十几年的

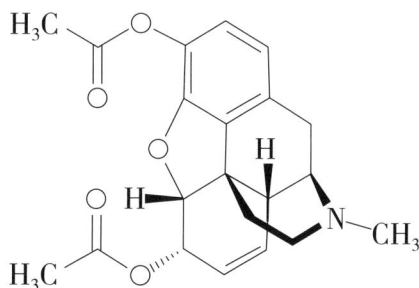

二乙酰吗啡的结构简式，两个乙酰使它比吗啡更亲油，注射后更容易穿过血脑屏障。

时间里广泛应用并没有形成明显的依赖群体，直到它们被有目的地滥用后才成为毒品。换句话说，是药物还是毒品，与使用者对待它的态度有关。今天的药房里存在更普遍的同类案例。鸦片类药物直到今日都是最常见的镇痛药，2013年全球有4.5万千克的吗啡被用于镇痛，比20年前增加了20倍，且主要用于缓解烧伤、骨折、心肌梗死、癌症晚期乃至产前阵痛，可营造长达7个小时的无痛体验。海洛因甚至仍被英国、荷兰、瑞士等国用于晚期癌症、心肌梗死、严重外伤、外科手术恢复甚至慢性疼痛。这些医用海洛因不但纯度远高于黑市几经辗转勾兑的"白粉"，而且考虑到这些疾病或创伤的持续时间，海洛因的静脉注射往往长达数周甚至数月，使用量也远远超过一般吸毒者。

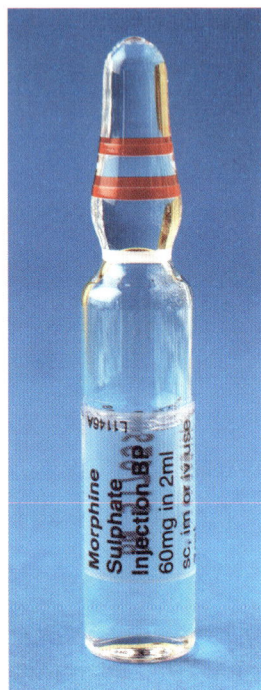

液体吗啡注射剂

　　与"毒品沾上就戒不掉"的惯常认知不同，这些大量使用吗啡乃至海洛因的病人虽可能产生耐药性，需要加大剂量，但很少染上毒瘾：他们既没有痛苦煎熬的戒断反应，也不渴望这些镇痛剂，更不打算自己买来注射——他们只想恢复健康。诸多的临床样本表明，精神振奋药物究竟被当作回归正常生活的助手，还是逃避痛苦的安慰，会影响到使用这些药物的结果。

被有意"雪藏"的实验

　　20世纪70年代末，加拿大心理学家布鲁斯·亚历山大（Bruce K.Alexander，1939—　 ）开始思考环境在药物依赖中的意义，设计了一套著名的"老鼠乐园实验"：实验包括两个场地，一个是经典实验里的老鼠笼，里面只有饲料、饮用水和用糖掩盖苦味的吗啡水；另一个场地是面积 200 倍于笼子的"老鼠乐园"，其中有充分的照明和保温，有美味的食物，有好玩的小球、轮子和罐头筒，还有温馨的交配空间，同样有饮用水和用糖调和苦味的吗啡水。接下来，亚历山大选取了 4 组 22 天大的老鼠，数量相等、雌雄均衡，CC 组在笼子里饲养到 80 天；PP 组在"乐园"里饲养到 80 天；CP 组先在笼子里饲养到 65 天，再移入"乐园"饲养到 80 天；PC 组先在"乐园"里饲养到 65 天，再移入笼子饲养到 80 天——最后出现了用经典实验无法预期的结果。

无论是否在"乐园"生活过，老鼠们只要住进老鼠笼就都染上了毒瘾，即使不用糖掩盖吗啡的苦味，它们的吗啡水饮用量也是 PP 组的 19 倍；一直住在"乐园"的 PP 组老鼠则对吗啡不感兴趣，它们只喜欢普通的饮用水；那些从笼子里移入"乐园"的 CP 组老鼠最值得观察。它们不喝苦味的吗啡水，但只要将稀释的吗啡水里加入更多的糖，它们就愿意喝，或者在其中加入吗啡戒断药物，老鼠也会愿意喝这样的水——可见它们只是喜欢甜味，而且主动地戒除了毒瘾。亚历山大得出了结论：

药物依赖只是成瘾问题的冰山一角，关键的因素不只是药物本身；

成瘾问题与环境密切相关，当一个人所处的环境因各种原因陷入崩溃，成瘾问题就骤然加重，爆发为严重的经济和政治问题；

药物滥用者是将它们当作宣泄、排解痛苦和压力的手段。

按照亚历山大的观点，有些戒断疗法——以隔绝甚至增加成瘾者痛苦和压力的方式——会适得其反，因为他们会更怀念毒品带来的"温暖"。

不过，这篇带有颠覆性的论文，因为实验中途多次断电、丢失数据以及两只雌鼠意外死亡，先后被《自然》和《科学》退稿，最后发表在了 1981 年的《精神药理学》上。其他研究者进行的一些重复实验给出了不同的结果，比如无论笼中鼠和"乐园"鼠都可能对吗啡失去兴趣，这使"老鼠乐园"在长达 20 年的时间里都处于学术争议当中。这是动物实验最常见的问题，因为不同的量化标准，不同品系的实验鼠对吗啡敏感程度不同，抑或实验设计本身的细节差异，都可能导致不同结果。

但是，"老鼠乐园"的实验逐渐引起学术界重视并被反复研究，人们不得不承认，人类对药物依赖的背后机制才刚刚窥见了冰山一角，简单化的解读是低估了人类神经系统的复杂性：分子开关"ΔFosB"的过量合成的确是所有的依赖现象的充分必要条件，然而长期使用精神振奋药物并不是这种过量合成的充分条件。人的神经系统远比想象的更加复杂，高级思维活动强烈影响着伏隔核神经元的细胞内信号转导，意识与毒瘾的真正关系，还有太多未知有待探寻。

已有的研究成果也正在提升科学界对药物戒断的认知。如果将药物依赖者隔离于社会之外，使其承受巨大精神和心理压力，显然忘了很多成瘾者恰恰是因为社会生活中的空虚无助或巨大的挫败感，让他们像笼子里的实验鼠，不得不从药物、酒精、色情乃至虚拟世界中寻找成就感。真正能阻断他们在戒断身体依赖后复吸的，是建立完整的社会身份、他人的价值认可，以及值得追求的目标——这显然比戒断身体依赖要难得多。戒毒机构能帮助成瘾者消除戒断反应，但真正让其回归社会而不是重陷产生药物依赖的环境，显然超出了戒毒机构的领域。被打上"吸毒犯"标签的成瘾者，实际往往伴随人际关系的重大挫败，其社会处境往往变得更差，更难在社会中找到真正的位置。这时，毒品对于这类人群来说会显特别有诱惑力。

美剧《基本演绎法》中身处纽约的瘾君子福尔摩斯时刻与毒瘾做抗争，而最有效的方式是通过成瘾者互助小组回归正常的社会生活，因为宽松、温馨、正常的社会生活不需要毒品提供虚幻的快乐。

程序员为什么都不爱打扮

文 | 陶禹廷

是什么力量，让任何地方的程序员都享有"免于体面的自由"？

在今天的社会里，"工程师"往往代表着知识水平和社会地位，每当普通人听到这个头衔，总会报之以敬仰的目光。但有一种工程师，虽然也是如假包换的高级技术人员，却很少能享受到和同类相近的社交待遇，他们就是程序员。

和工程师的耀眼形象不同，多数人眼里的程序员更接近于一群缺乏情趣的宅男，而非高智商、高收入的精英群体。网络上嘲笑程序员的段子俯拾皆是，简直发展成了一种文化现象。客观而言，这些评价并不公正。作为高级技术人员，多数北上广的程序员都能做到月入上万元，毫不逊色于其他工程师或职业。人多数嘲笑程序员的人，实现阶层逆袭的可能性都远远不及程序员。

工作年限与薪资

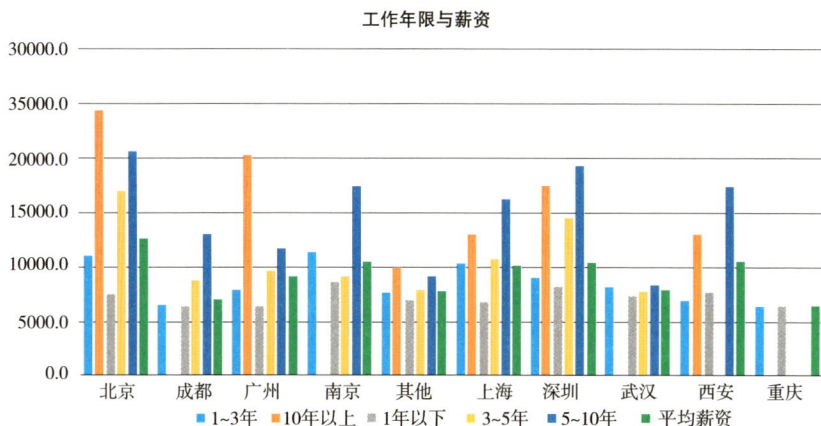

由"极客学院"发布的 2016 年程序员薪资统计

155

不过，程序员群体遭到戏谑的原因实在不难理解，其中最重要的因素，就是他们与自身收入和社会地位完全不匹配的服饰装扮。而且，这种现象并非仅仅存在于中国，硅谷技术精英的固定装束也早已引起美国人民的注意。程序员为什么穿得如此不讲究？这种"鸡立鹤群"的行业文化，又是如何形成的？

程序员——曾经的西装爱好者

程序员平凡的打扮的确很难让人联想到头顶光环的工程师。因为自工业革命以来，凭借技术创新带来的财富，工程师们的服饰早不复为从前的中下层匠人可比。在阶层分明的社会，审美风尚往往是向上看齐的。作为新富阶层的工程师，很快就如同旧时代的贵族一样穿着考究，其绅士派头俨然与政客难分轩轾。例如，发电机的发明人迈克尔·法拉第出生于寒微之家，但留下的照片却都身着礼服；而出身农家，仅仅中学毕业的著名电气工程师维尔纳·冯·西门子，也总是一副上流社会的打扮；同时期出身富商家庭的英国首相威廉·尤尔特·格莱斯顿，和法拉第、西门子的着装风格非常相近，很

迈克尔·法拉第（左）；维尔纳·冯·西门子（中）；威廉·尤尔特·格莱斯顿（右）。

难看出双方存在什么阶级差异。

即便在电脑的发源地美国，早期程序员（或者说软件工程师）的着装也完全是上流社会的造型。由于计算机程序的设计基础是数理逻辑，所以最早的软件开发

20世纪50年代的普林斯顿大学，大部分师生着西装上课。这种偏向舒适的风格被称为常春藤联盟风格，对美国主流西装文化产生了重大影响。（图片来自：LIFE）

人员大多为数学家出身。他们来自美国的各大名校，各个学院历史悠久，无论师生都对穿戴正装习以为常。

因此，在这批人物的活跃时期，早期程序员也都衣着体面，绝不会在着装方面遭到企业家、政客、金融从业者的鄙夷。

被誉为"计算机之父"的普林斯顿大学教授约翰·冯·诺依曼身着正装站在计算机前（左图）；被誉为"人工智能之父"的数学家约翰·麦卡锡也是西装笔挺（右图）。

体面人是怎样"堕落"的

然而，正是因为程序员与大学的紧密联系，导致程序员的着装文化发生历史性转折。

20世纪60年代中期，随着反越战、民权运动和嬉皮士运动的兴起，欧美的学院文化发生了翻天覆地的转变。

尤其是在以大学生为主体的嬉皮士运动中，学生们为了反抗既有的"传统秩序"，把传统着装体系中整洁、体面的绅士派头视为对个性和自由的压迫，休闲随性的便装和体现流行文化的奇装异服取而代之，在现代服装体系中的地位陡然上升。

这场学生运动对大学着装文化造成了深远影响，基本摧毁了西方大学里的正装习俗。如今，几乎没有哪个学生还会西服革履地前去教室上课，甚至老师们在讲课时也大多身着休闲装。

所幸的是，对于较传统的行业，职业着装已有行业惯例，学院时尚影响有限。即便常春藤学校毕业的嬉皮士，一旦成为律师、医生或商务精英，还是该穿什么穿什么。

然而，计算机编程却是与学院研究前沿关系紧密的新兴行业，完全不存在任何职业着装传统，因此给了新兴的高校着装文化可乘之机。

经历嬉皮士运动的老一代程序员，直接把在学院里的着装穿到工作当中，逐步形成独具一格的着装文化。例如Java编程语言的创始人詹姆斯·高斯林、C++语言的创始人比雅尼·斯特劳斯特鲁普等人的装束，非常接近程序员的标配——不那么讲究。

程序员随性的着装在经过数十年的积累和扩散后，给美国社会留下了一种独特的文化形象。20世纪80年代以来，美国电影里的"电脑高手"几乎都是一副自由散漫的扮相。

比雅尼·斯特劳斯特鲁普

而相比于见过世面但故意逆反的美国程序员，中国程序员的不修边幅更有底气：因为早期中国大学生秉持的是"艰苦朴素"的理念。

电影《社交网络》(*The Social Network*)中的程序员男主角，与一旁传统装扮的男子形成鲜明对比。

　　1952年高校改制后，中国高校提倡"教育为无产阶级政治服务"，民国时代高校流行的西装和学生装被劳动人民的质朴服装取代。当20世纪60年代的西方大学生穿着奇装异服在大学里反对正装时，中国的大学生则穿着"劳动人民的服装"或"军装"，正式一点的则是"中山装"。这套传统的服装语言，在改革开放后迅速过气，但"高大上"的着装文化至今仍未能确立。

　　有趣的是，改革开放后中国的第一代程序员，由于大多出身于传统技术行业，出于工程师"自觉"，反而是一副"复古之风"，普遍喜欢正装出镜。

机电技术员出身的王江民，作为中国程序员界的老前辈，留下的媒体照片几乎全是西装、领带、白衬衫、金丝眼镜。

直到中国互联网行业开始快速发展，程序员与传统工程师的生涯轨迹偏离得越来越远，信科或软工专业的毕业生实现了高校到企业的直达，后来的几代程序员在着装方面才逐渐赶上西方发达国家的"先进水平"。

穿正装，有什么用

除了"着装文化"的影响，程序员不注重仪表的原因和工作性质也是分不开的。

程序员的脑力劳动强度较大，对产品的不定期维护（升级功能，修正错误）显著延长了他们的加班时间。沉重的工作压力导致许多程序员一直处于精神疲惫状态，顾不上保养自己的个人形象。

同时，由于全天候生活在一种"只闻其声，不见其人"的社交状态下，程序员们自然也不需要注意衣着搭配。

一旦社交需求有所"升级"，程序员们并不会固守刻板印象中的邋遢形象。如比尔·盖茨这类公司老板，在功成名就后，宅男气质迅速被商业精英的气息冲淡。

比尔·盖茨在 1984 年的办公照；比尔·盖茨"标准像"。

谷歌公司的两位创始人谢尔盖·布林和拉里·佩奇，出席一些正式场合时也会以体面的西装示人。

反过来说，假如长期与世隔绝，那么即使你不是程序员，你的服饰品位味估计也会在不知不觉中跌落到和程序员一样的水平，甚至更糟。

例如，在普通人眼中，狭义上的宅男（游戏宅、动漫宅）和程序员往往可共用同一张标准像，但二者的重合度其实远没有他们想象中那么高。

着急的穷人，拖延的富人

文｜黄章晋

一个人贫穷还是富裕，取决于从父母那里得到什么样的"遗传"。但"遗传决定论"残酷的另一面或许是好消息。

你或许听过斯坦福大学心理学家沃尔特·米舍尔那个著名的"棉花糖实验"，即给孩子们两个选项，一个是他们能立即享用一个棉花糖，另一个则是他们要独自等待20分钟，之后可获得两个棉花糖，两者只能选一项。这个实验在2006年经《纽约时报》记者大卫·布鲁克斯报道后广为人之。实验者后来发现，那些能忍耐得到两个棉花糖的孩子，成年后身材保持得更好、社交更活跃成功，并且有更好的成就——坚持时间最短的三个孩子与坚持时间最长的三个SAT（美国高考）总分相差210分。

只是，米舍尔的这个实验名字并不叫"棉花糖实验"，因为孩子们的喜好不同，奖品除了棉花糖，还有曲奇饼、小脆饼、薄荷糖之类，这个实验的名字叫"学龄前儿童为了获得更加丰厚的奖励物质的自我延迟满足实证研究"。

"延迟满足"其实就是通常说的放弃眼前诱惑的耐受力，虽然拗口但显然更准确。事实上，奥地利经济学派比心理学家更早关注这个问题。只是他们用的名词更拗口——时间偏好，它等于现在的满意程度与对将来的满意程度的比值，可近似理解为即期消费还是长期投资的选择策略。他们的总结也不够平易近人：人们越不喜欢现在，那他的时间偏好也就越低。

经济学家们把时间偏好视为中性概念，但显然无法成为成功学引起大众兴趣。经济学家们注意到，整体上狩猎、采集和游牧社会的时间偏好明显高于精细农业社会，也就是说延迟满足能力相对更低。同等情况下，人口压力较大竞争激烈的社会，延迟满足能力通常也越强。我们无法得知米舍尔的研究兴趣是否与他出生于维也纳时，他的家庭与奥地利经济学派那些大师的频繁交往有关。很显然，经济学家们的时间偏好理论不像棉花糖实验这样著名，实在是由于缺少米舍尔这样细致的实证研究。

米舍尔这项实验最惊人的是后续研究。2009 年，参与实验的部分孩子重返斯坦福大学，用核磁共振成像研究他们的大脑活动。当年他们是斯坦福宾格幼儿园的学生，此时大都已经年满 45 岁。研究人员发现，那些延迟满足能力强的人，前额叶皮层区更活跃，这个区域负责解决问题、克制冲动行为；而延迟能力较低的人，中脑更活跃，该区域位于大脑深处更原始的部分，与人们本能的欲望、快感及成瘾有关。

中国人喜欢说"三岁看大"，我们的普遍经验也认为自律的人更容易成功，但米舍尔的实验昭告的方式似乎太残酷：一个人的命运，难道一切是先天的基因决定的？并不是所有人都能接受复杂的人类行为居然能被一个简单的心理学实验解释。

最有力的挑战来自美国同行。2012 年，塞莱斯特·基德等人发表重复棉花糖实验的论文，他们对实验做了更细微的控制，发现孩子的表现取决于他走进实验室之前习得的信念，而这很大程度上是家庭的影响。简言之，将孩子的一切表现均归结为先天控制力有差别，显然为时过早。这个研究或许比米舍尔的棉花糖实验来得更残酷——贫穷不但来自父母的遗传，更来自父母造就的家庭环境，在一个无法建立承诺与信任反馈的家庭，孩子会更倾向于即时满足——因为他不知道下一刻那个承诺过的奖励是否还在。

极端情况下，延迟满足能力与成就大小体现得非常直观：马克思的《资本论》前后花了 40 年时间；歌德的《浮士德》则用了 60 年；而路易十六的王后玛丽·安托瓦内特订购的一块怀表化了 52 年，完工时王后被砍头已过了 34 年，而制表匠本人也已经去世 4 年。欧洲那些恢宏壮丽的大教堂表现得更为极致。建造米兰大教堂耗时 100 年，乌尔姆教堂耗时 115 年，亚眠大教堂耗时 190 年，比萨大教堂耗时 221 年，最夸张的当属科隆大教堂，前后竟然用了 632 年。跨越几代人的接力工程并非古代才有，西班牙巴塞罗那的圣家族大教堂始建于 1882 年，迄今仍未完工，1883 年接手主持工程的设计师高迪说"我的客户（上帝）并不着急"，1926 年高迪去世时，大教堂的工程完工度不到四分之一。

瑞士的汝拉山谷是传奇名表的汇集地，人们喜欢说，这里之所以是瑞士手表的真正发源地，是因为常年大雪封山，农户们只能躲在家里制表来打发时间。这个解释显然没考虑延迟满足起到的关键作用。和汝拉山谷自然环境相似的是我国的东北。但同样是"猫冬"，东北人对即时满足的追求使他们把时间花在"唠嗑"上，于是他们成了中国最有综艺感和表演天赋的人群（参看大象公会微信公众号文章《为什么演艺圈那么多东北人》）；而汝拉山谷的匠人，以极高的延迟满足能力，花费难以想象的工时，打造出极为精密的钟表。酿酒师们也是延迟满足能力凸显的一群人，因为酒的酿造也需要繁复的工艺和精湛的技术。诸如此类对时光的打磨，显然与"打发时间"相去甚远。

在延迟满足能力上，不同人群表现出的集体差异，是先天还是后天？美国经济史学家格列高里·克拉克长期关注历史上的社会流动性问题，他的研究或许可以参考。

克拉克发现，英格兰的利率自 1400 年的 10% 开始稳步下降，到 1850 年已降至 3%。克拉克认为，利率变化可排除通胀和其他压力因素，主要来自社会不断提升的抑制消费冲动能力，即英格兰人越来越有耐心和储蓄意愿。他认为，13 世纪后，英格兰很少遭到外敌入侵，相对其他地区更和平，稳定和平的社会环境有利于培养延迟满足能力强的人。克拉克研究遗嘱发现，富裕家庭的后代远比贫困家庭更多——遗产低于 24 英镑的中低收入家庭，他们的后代数字低于 2。

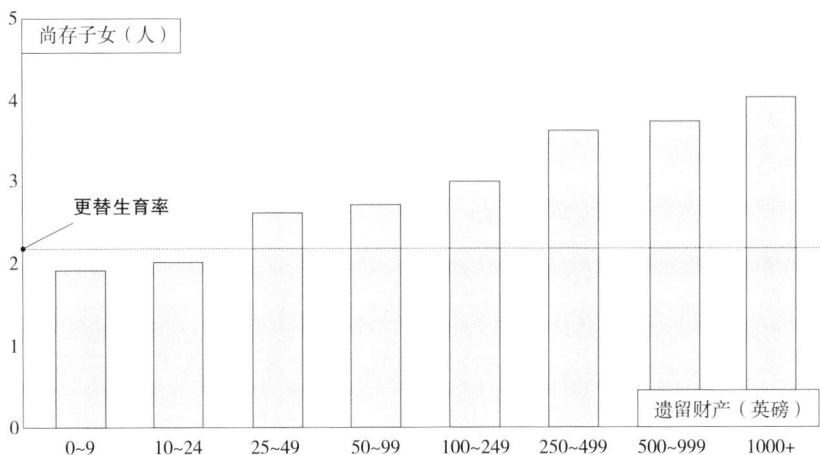

图中纵轴标注"尚存子女（人）"，数值 0 到 5，其中标注"更替生育率"（虚线约在 2 处）；横轴标注"遗留财产（英磅）"，分组为 0~9、10~24、25~49、50~99、100~249、250~499、500~999、1000+。

留下遗嘱者的财产及其尚存孩子的数目

　　克拉克还从稀有姓氏着手，对比其中的富裕家族与法庭留有案底的家族，再次佐证了他前面的推断——如果自律、延迟满足是一种富裕基因，时间筛掉了更多贫困基因，虽然很多富裕家庭的后代会变成中下阶层。克制即时消费能力提升的同时，英格兰人的劳动意愿也变得更强烈，他们劳动时间变长，能忍受无休止的重复劳动。此外，整个社会的暴力行为也大幅下降，600 年间男性谋杀率从 0.3% 下降到 0.01%。

　　克制、忍耐是违反人自然天性的特质，但在注重保护和积累财富的社会，会通过强烈的竞争压力不断筛选，并形成自我规训文化，逐渐抑制住天性中的冲动、好斗——这是狩猎采集社会利于个体和部落生存的特质。英格兰人经过数百年和平的农业训练，整体的延迟满足能力不断提升。以 25 年为一代计算，工业革命前几百年的稳定社会，足以改变整个英格兰社会在延迟满足上的整体表现。克拉克认为，工业革命发生在英格兰而非其他地方，前述自我进化是必不可少的准备条件。他的观点似乎也可以很好地解释东亚经济奇迹：东亚经历了比欧洲更漫长的精细农业，人口高密度的竞争压力培养出举世无双的吃苦耐劳和精打细算能力，在工业化上总是比其他非西方国家有更卓越的成就。

　　让我们回到棉花糖的实验。塞莱斯特·基德等人的研究揭示了这样一个残酷的事实：如果贫穷来自"遗传"，那么很大程度上是家庭环境塑造的。但这也是一个好消息，它意味着人的自控能力可以通过后天的科学方法提升，进而改变自己的命运。事实上，这也是米舍尔后期研究的重点。对天性善于延迟满足的人来说，很多时候他们会把这个过程当成一种享受。

中国人的数学为什么好，又为什么不好

文 | 胡修卓

中国人的数学好似乎是全世界公认的事实，但中国人在数学研究上的进展却与其数学水平不匹配，为什么会这样？

世界人民已经懒得吐槽美国学生的数学水平了，正如他们已习惯于惊叹中国学生的"天才"一样：脱离计算器就不会四则运算，把 sinx/n 算成"six"……美国学生闹的笑话层出不穷，每隔一段时间，舆论就兴起"救救孩子"的呼吁。相比之下，中国学生的能力之强，令大多数美国中学生咋舌。

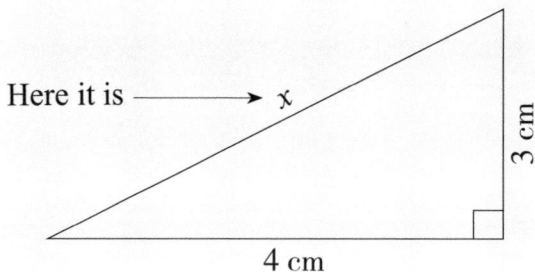

网络中广为流传的美国学生在数学试卷上闹出的笑话

中国人的数学为什么好

在经合组织发起的国际学生评估项目（PISA）中，上海的中学生在数学水平测试中超过其他 75 个城市，排名第一。英国人不胜羡慕，立刻邀请

168

各国家和地区15岁学生的平均数学成绩

排名	国家和地区	分数
1	中国上海	613
2	新加坡	573
3	中国香港	561
4	中国台湾	560
5	韩国	554
6	中国澳门	538
7	日本	536
8	列支敦士登公国	535
9	瑞士	531
10	荷兰	523
⋮		
13	加拿大	518
⋮		
26	英国	494
⋮		
36	美国	481

*满分为800分，共65个国家和地区，平均分为494分

经合组织 2012 年国际学生评估项目（PISA）

了 60 名上海中学数学老师赴英介绍经验。

另外，评估项目制定的各国家和地区 15 岁学生数学成绩排名，中国上海的成绩高居第一，美国只排在 36 位。除了日常的教学，竞赛的成绩也体现了这一差距。国际数学奥林匹克竞赛是面向中学生的最著名竞赛之一，自 1985 年中国参赛以来，19 次获总分第一。中国以外，只有韩国、罗马尼亚、保加利亚和苏联（俄罗斯）、伊朗和美国获得过总分第一，其中，美国仅仅获得过 1 次。

好事的美国媒体当然会反思。2014 年 9 月时，《华尔街日报》援引波士顿东北大学和得克萨斯农工大学两位教授的研究成果，将落后的原因归纳为语言问题。也就是说，中国、日本、韩国、土耳其等国语言带有天然的数学

优势，比如汉语，10 个基础汉字就能呈现所有数字，而英语却要 20 个不同的单词，影响了头脑运算效率。

以下是一些数字在英语和汉语中使用的情况，汉语更能辨别数组的大小。

语言	17	27
英语	"seventeen"	"twenty" – "seven"
汉语	"十" – "七"	"二" – "十" – "七"

汉语可以用"凑十法"表现数字，英语则不能。

运算过程中，"凑十法"（make a ten）的应用与否也影响颇深。就是说，若能将数字首先凑十计算，似乎就更加清晰快速。如"9+5"，用凑十法可分解为"9+1"，然后"10+4"，而英语母语者却不能顺畅地分解。同样，"11+17"能被中文等换为"10+1+10+7"，"eleven+seventeen"就无法如此。

一些学者也反复思考这一问题，最经典的应当是有怪才之称的马尔科姆·格拉德威尔（Malcolm Gladwell），他在《异类：不一样的成功启示录》一书中以《稻田与数学》为题专门分析研究了中国人的数学特别好这个现象。格拉德威尔的解释看上去非常有说服力。除了前面提到的 10 个基础汉字就能呈现所有数字外，他还认为汉语的单音节使得中国人在处理数字时，心算速度天然会更快，中国人在语言上的另一个优势是，汉语中表达分数的方式，天然就比其他语言更简洁直观。但格拉德威尔提到另外一点：中国人的数学好还不仅仅是前述种种语言优势，中国以水稻为主的农业耕作文化具有同样的决定性。格拉德威尔注意到，以水稻种植为主的日本、韩国人数学能力同样突出——适宜水稻栽种的地区，农夫一年四季都要忙碌，为了充分利用土地和时间，他们会远比小麦耕作农夫更精打细算。另外，中国古代一直是分散的小农户，经济的独立性使每个农夫都必须像企业家一样学会计算。漫长历史中的竞争选择，会使得以水稻耕作为主的社会数学能力更为突出。

不过，格拉德威尔的分析虽然头头是道，但无论是他对现象的观察还是解释，都有非常严重的错漏。这甚至可能使他的研究变得毫无价值。

中国人的数学好吗

第一个问题是，"数学好"的标准是什么？

如果我们说某个人群的数学好指的是数学研究水平，那么问题来了：数学一旦延伸到大学或研究领域，笨笨的美国人立刻站起来了，而中国人的数学优势也神奇地缩小。世界数学研究中，美国、法国和俄罗斯处于无可争议的领先地位，随后的以色列和日本等国也在中国之前。即使是在中学数学向中国取经的英国，数学研究同样大幅领先。如果将话题的讨论范围扩展到研究和应用领域，反而会出现一个新问题，为什么中国人的数学研究比不上这些国家。

以国际数学奥林匹克竞赛为例，除中国外，1985 年以后的许多金牌获奖者们已在国际数学界崭露头角。法国、俄罗斯、美国、匈牙利和巴西等国的竞赛选手都有获得菲尔兹奖、克雷数学奖等，而中国的参赛者却在研究水平上整体落后于曾经击败过的对手。美国的数学研究尤其强大，不仅在纯数学领域，物理、化学以及需要大量数学知识的金融学、需要离散数学的基础计算机科学方面也处于领先地位。美国在这些倚赖数学的领域聚集了大量的人才，其自然科学家和工程师们的整体数学水平也绝不弱于其中国同行。

为什么中国在中学数学竞赛中表现得如此出色，但在其后的发展中后劲不足？另一个问题是，如果"数学好"的标准是中学生数学竞赛水平高，格拉德威尔等人显然忘掉了一段历史。20 世纪 90 年代以前，国际数学奥林匹克竞赛的金牌大户是苏联和东欧国家——国际奥林匹克竞赛原本就是由东欧国家发起，苏联和俄罗斯共获得过 16 次国际数学奥林匹克竞赛的团体总分第一。中国开始在数学竞赛上取代苏联和东欧国家的地位是在 1991 年之后——与中国在奥运会上的金牌开始赶超苏联处于同一时期。苏联人在数学上既没有种种先天的语言优势，也从来没有水稻栽培的历史，苏联和东欧的农夫在西方人看来差不多是世界上最散漫粗放的农夫，他们是离"精打细算"最远的人群。

无论是过去的苏联、东欧，还是今天的中国、日本、韩国等东亚国家，这些初高中数学计算能力较强并且数学竞赛水平高的地区，唯一的共性就是它们有着强大的国家应试教育体制。实际上，数学竞赛和数学研究有本质区别，初中、高中的计算能力也与大学数学并不相同。同时获得过国际数学奥林匹克竞赛金牌和菲尔兹奖的澳大利亚数学家陶哲轩曾在一篇文章中表示，数学竞赛和数学学习非常不同。尤其在研究生生涯里，学生们不会遇到像数学竞赛题那样描述清晰，步骤固定的题目，尽管竞赛思维在解决研究型问题的某些步骤速度很快，但这无法扩展到更广泛的数学领域，更多问题仍赖于耐心和持久的工作——阅读文献、使用技巧、给问题建模、寻找反例等。此外，奥林匹克竞赛中的题目虽然难度大，但考验的是技巧，创造性上要求低，而创造性是研究领域的核心能力之一。

总的来说，数学竞赛所需的是熟练和技巧，不依赖天赋，转而依靠大量的集中培训亦可取得成就；而高等数学的研究和学习则靠持久的工作和深入的理解，与技巧性的算术（arithmetics）不同，数学研究讲求抽象化和逻辑推理的使用，对复杂多样的数学问题有深刻理解力远重要于特定类型问题的求解。著名数学家威廉·瑟斯顿（William Thurston）曾把数学竞赛比作"单词拼写比赛"。他认为，单词拼写比赛获得名次并不代表成为优秀作家，数学竞赛也一样——成绩好不意味着真正理解数学。

数学学习考验的是学习和思考的深度和质量，而数学竞赛需要的是"早熟程度"——要和时间赛跑，要比同龄人学得快。对一个聪明的学生来说，数学竞赛更加容易，并且即使天赋有限，凭借高强度的训练也能取得进步。

显然，东亚的考试型教育能提供最为丰富的训练。行为经济学家尤里·格尼兹（Uri Gneezy）和阿尔多·拉切奇尼（Aldo Rustichini）的实验发现，即使在参赛者水平相仿的情况下，给出单题奖励更高的竞赛能让参赛者获得最好的成绩，这恰恰是东亚各国的强项：更高的竞争压力、更多的竞赛奖励，整个中学教育都以算术能力为培训要点。这则是美国或其他西欧国家所不强求的，对于普通学生只要达到基本数学成绩即可，如美国马萨诸塞州，统考难度大约是会基本的三角函数运算。可以说，教育中训练强度的差别造成了普通中学生的数学水平差距。集中培训的强度，也很大程度上影响了竞赛成绩。

那么，进入大学之后，中美数学成绩的差异开始逆转，又是为什么呢？

中国的数学研究为什么不如数学竞赛那么好

或许关键原因是美式的分类教育。美国对普通中学生数学计算能力的基本要求不高，有天赋、感兴趣的学生，则可以在中学里完成大学先修课程（Advanced Placement，简称 AP）。修完 AP 之后，会参加先修课程考试。先修课程难度远高于美国普通高中数学，相对于数学竞赛，它的设置更有利于形成对数学问题的理解。比如，美国和加拿大的大学先修课程中，微积分部分的两门课程覆盖了一元微积分的所有知识，相当于美国大学两个学期数学课程的内容，通过这些训练能更合理地增进对微积分的理解。而讲求竞赛的中国高中则很少注重这类知识。

从个人未来成长的角度看，提前完成大学先修课程比把时间花在数学竞赛上更合适，前者更接近真正意义上的数学研究。基于同样的理由，大学在录取学生的时候也会把先修课程的成绩作为一项重要的考量。至于在研究领域，高强度数学计算训练的效用非常低。现代数学和很多基础学科一样，延续的研究传统和学派氛围往往决定了其成就的高低。在这一点上，中国大学与欧美大学存在巨大不同。

而苏联和东欧国家竞赛成绩也曾非常出色，但同时又是数学研究顶尖的国家——过去近 100 年中，苏联（俄罗斯）一直都是数学研究顶尖的国家，是公认的和美国及法国齐名的数学研究大国。它与中国的强烈反差恰好也是这个原因。

　　苏联（俄罗斯）优秀而悠久的数学研究传统几乎从未中断过。早在 18 世纪，近代数学先驱莱昂哈德·欧拉在彼得堡工作了 30 多年，带动了俄国著名的彼得堡数学学派。此后，俄国和苏联又涌现出了罗巴切夫斯基、切比雪夫、李亚普诺夫和马尔科夫等数学家。

　　即便是政治最动荡的斯大林和赫鲁晓夫年代，苏联的数学研究传统也没有中断，相反，因为战争和计划经济的需要，数学家们逃过了政治运动冲击。不但生活上有相当保障，且能有做感兴趣研究的相对自由。

20 世纪 50 年代末期，摄影家埃里希·莱辛生镜头下的苏联中学生在上数学课。

　　同时，他们还有着特色的讨论班体系——由知名数学家主持，不限年龄和资历，感兴趣者均可参与。这非常有助于延续传统。苏联的讨论班中涌现了一大批年轻数学家，形成了著名的莫斯科学派。

在培养更年轻的数学人才方面，苏联也与中国不同。苏联和中国同样有大量的数学夏令营，但苏联夏令营依靠兴趣报名，不强调考试和分数。讲课的往往是某领域的大师，而不是专注于训练学生考试的中学老师。比如，柯尔莫哥洛夫等顶尖的数学家，每年都会参加中学数学夏令营。这不但可让学生对数学产生兴趣，且能让有天赋的学生有机会与大师对话，尽早了解真正意义上的数学。

此外，苏联数学界一直和国际数学界保持联系。当时极为繁荣的法国布尔巴基数学学派在苏联很受欢迎。苏联数学界翻译国际数学著作的速度也是一绝。

相比之下，同时代的中国数学家则命运多舛。即使能逃过灾厄，也只能按领导的安排做研究。而中国的学生过早地接受了高强度训练，虽得到竞赛金牌，但缺乏连续的数学传统，让他们当中有真正天赋的人只有少数在研究领域绽放光彩。当然，好的竞赛成绩，可让他们进入一流大学——将来这些学生留学美国，会让美国人感慨，中国人的数学计算能力真强啊。

文章吸引力的心理学原理

文 | 郭婷婷

  好文章并非"只可意会不可言传",它们背后存在共通的吸引力法则。心理学与认知神经科学的研究者,可能比文章的读者和作者都更加清楚那些可以紧紧抓住读者注意力的"秘密"。

  读者经常使用"扣人心弦""美妙绝伦""绕梁三日"等模糊性的词语表达对精彩文章的赞美,如果要向他人推荐,还可能会进一步分析写作方式、摘抄精彩片段、阐述由此引发的个人感悟……似乎一篇文章的好坏纯粹是主观的个人体验,一旦表达出来就会变成一种干瘪又空洞的抒情,因此"只可意会不可言传"。但心理学和认知神经科学的研究者们并不这样认为。在他们看来,"精彩文章"的主观感受背后存在共同的吸引力原理。这些原理至少可以回答下列问题:

  为何有很多媒体为了获得更多的阅读量,频繁给负面新闻配上耸人听闻的标题,并安排在最好的版位上?

  为何人们喜欢幽默的段子和故事,它们与吸毒成瘾之间的异同是什么?

  设置有冲突和悬念的文章往往更吸引读者,这在心理学上的发生机制是什么?

  为何我们记住了一些信息,却忘记了另一些?

恐惧、激动、新奇与困惑

  简单而言,"吸引力"意味着在繁杂的信息中发现并关注、无须付出意志和努力就可维持持续的注意力以及记忆，即注意力的调动、内在的满足感、长期记忆的形成。这几个成分之间互相影响、共同起效，但为了叙述和理解的方便，本文将分别讨论。事实上，某篇作品能从海量的文字信息流中脱颖而出并非全凭运气，而是有着深刻的进化基础。这一阶段，吸引读者注意力的主要是文章标题（也可能是作者的名气，这种情况暂不讨论）。

那么，什么样的信息会最快得到人们的注意？

传统观点认为，在进化过程中，为了适应变化无常的外界环境，保护自己的生命安全，个体总是对威胁性的信息给予更快的注意，并优先处理这些信息。很多经典的心理学实验证实了这种对负性刺激的注意偏好。研究发现，在一系列中性图案（例如蘑菇、花朵）背景中搜索与恐惧情绪相关的图案（例如蛇、蜘蛛），速度和准确性均显著高于从恐惧相关图案中搜索中性图案。另一个研究发现，从中性表情面孔中寻找负性表情面孔（如愤怒）的速度也快于从中性表情面孔中寻找正性表情面孔（如愉快）。

正是因为这一心理机制，使得含有威胁性信息的负面新闻会频繁登上头条。对负面信息的快速反应，依赖于大脑中一个叫作杏仁核（amygdala）的结构的活动。杏仁核位于大脑皮层底部，呈杏仁状，负责情绪的产生、调节，以及形成对情绪的记忆。最新研究表明，能够引起杏仁核强烈活动的信息并不一定是负面的，而是具有"对个体而言很重要"这一共同特征。也就是说，如果接触到的事件或信息与自身密切相关，无论其性质是令人恐惧，还是令人兴奋，或是对个体全然陌生，抑或是具有模糊不确定性，都更可能被个体标记为"重要信息"，并引发杏仁核结构的显著活动。而在上述现象被发现之前，新闻行业的从业者就已经依赖经验和直觉对此有过总结。比如在大部分的新闻学教材上，信息与读者间的相关性都会被突出强调。

在令人恐惧与兴奋之外，另外两种特征也很常见。例如，标题中含有"首次""全新"以及"独创"等词语，或是一个以问号结尾的开放式标题，都会更容易引发关注。这种标记过程是迅速、自动、下意识进行的。由于杏仁核与大脑的整个感觉信息加工过程及植物性神经系统也存在直接的功能连接，因此杏仁核的激活可以极大增进个体的处理信息的动机，使人做好全身心投入的准备，包括注意力集中、心跳加速、出汗增多、肌肉紧张。更重要的是，广泛的大脑区域可以立刻被调动和组织起来，使得该信息得到优先的加工。

因此，文章吸引人的第一条原则就是：在简短的标题中体现出信息的重要性。那么什么内容是重要的？什么内容会令人恐惧、令人激动、令人感到新奇、令人感到困惑？

阅读您的文章感觉很爽

短暂的注意力转移过程后，读者开始进入正文阅读阶段。这时，若非必须读完（例如，要在某一会议上进行汇报，或者要撰写书评不得不通篇阅读等金钱奖励和成就动机，等等），注意力的持续就不应该付出意志努力，即阅读文章的动机来自文章本身，阅读过程带给人"奖励感"。这里以一种最受人欢迎的题材——"幽默段子"为例，来看看"奖励感"是怎样产生的。

有多项研究证实，无论是文字还是图片，当人们在阅读幽默性内容时，会激活大脑中的"奖赏中枢"，并促进释放一种与快乐体验有关的神经递质——多巴胺。

从写作的角度讲，促使幽默产生这种愉快体验的关键性因素，在于其独特的叙事结构：包袱（punch line，即互联网上的"梗"）。

首先，幽默需要一个"引子"以提供背景情境，然后给出一个转折（即"梗"）。转折有两个特征：意外感与可解决性。前者要求相对于背景情境是出了读者意料的（失调性）；后者则可以使背景信息以一种可以被理解的、全新的方式呈现出来。这种"探测到认知失调——解决失调"的过程，就是幽默中包含的关键性认知特点。脑成像研究也表明，欣赏幽默是一种高级智力活动，当成功捕捉到笑点时，激活的脑区与解开一道难题很相似，同时伴随愉快情绪。例如：

我每次和妻子一起看电影时，我总有方法可以轻易地事先就知道这部电影是不是大烂片。（怎么会这样？）只要是她选的。（原来如此！）

我反对在结婚前发生性行为。（怎么会这样？）因为很可能会延误结婚典礼啊。（原来如此！）

她来例假了肚子疼，他坐在她旁边，看了她一眼，拿出手机玩游戏，她看在眼里，心里凉了半截。（怎么会这样？）两分钟后，她实在坐不下去了，正准备离开，只见他默默地递过来他的某品牌手机说：拿去捂着。（原来如此！）

真正的"有趣"，不是各种网络流行词语、时髦话，而是不断铺设包袱，制造出虽然与当前思维惯性不符，但却可以被迅速整合到自己原有经验之中的意外感——类似电子游戏中轻松的、有节奏的、跳跃式的闯关过程。

"意外"不仅仅存在于幽默中，各种体裁的优质作品也都需要它。比如，小说中设置悬念与冲突的重要性，正是基于这样的考虑。从心理学的角度讲，悬念是一种问题未得到解决的状态，它使读者困惑的同时，也在潜意识中（难以控制地）开始了寻找破解之法的尝试，被心理学称为酝酿（incubation）。"酝酿"是大脑自动地、基于直觉与生活经验的判断，试图使用自己熟悉的认知方式来解释一个事件或现象发生的原因。因此，优秀的作者一定不会让情节的发展完全符合读者的预期，当悬念解开，打破了思维定式，重构了因果关系——"原来如此！"

而最成功的戏剧冲突，并不是指故事人物之间一定要矛盾重重、钩心斗角，也同样是指情节走向与读者心理期待不一致。这种感受有时被形容为"读完毁三观"——被摧毁的是读者基于自身经验的解释框架。

重读、戏说、秘史与辟谣

读完一篇好文章，读者常会有"学到了点什么"的感觉，有些内容可以被立刻记住当场复述出来，有些可以保持数周乃至终身。我们可以把"旧"的信息理解为大脑中已经存储的知识经验，即"长时记忆"。短时记忆可以理解为当下保持在大脑中的信息——只有这一信息与以往的知识经验发生联系，并且在较长一段时间内储存在大脑皮质中，才可以被称为长时记忆。

现在，因为"意外"，读者的解释框架已被摧毁，但是否可以成功重建新的框架？这涉及被传递的信息中，"新"与"旧"的平衡。

关于长时记忆的经典理论认为，大脑会对认知对象的关键特点、特点之间的关系进行粗线条的归类。被归类储存的抽象看法不一定准确，但可以大大提高信息加工的速度。当我们接触一个外界信息的时候，会将其放在预存的图式中去认识，与以往经验进行对照，迅速判断信息的性质，并且对是否会被记住产生影响。一个有趣的悖论是："意外"才会引发"学习"（记忆）行为，然而，如果我们搜索不到新信息与旧经验之间的联系——根本无法理解这一信息的意义，也就谈不上"预期"，更加难以将其整合为自己的知识。

认知神经科学对学习过程的研究认为，可以把信息分为 4 种类型：

·陌生的概念出现在陌生的情境里，如，一个不为人知的、在世界上短暂存在又消失的国家历史。

·陌生的概念出现在熟悉的情境里，如，发生在明朝一个不知名人物的故事。

·熟悉的概念以可预期的形式出现在熟悉的情境里，如，和历史教科书内容一致的国家领袖大事记。

·熟悉的概念以难以预期的形式出现在熟悉的情境里，如，人工智能数据最大国居然不是美国。

以上四种情况哪一个最受欢迎？显然，期待与现实之间落差最大的是最后一种。也正因此，重读、戏说、秘史、辟谣等题材广受欢迎——通过重新组织材料，使得为人熟知的背景与人物走向发生反转，产生强烈的"预测错误感"（prediction error），从而产生最大程度的可记忆性。

战争可能死多少人

文 | 江　鸣

　　战场充斥着人们最残酷的想象，但现实中，打仗会死多少人呢？伤亡率又与哪些因素密切相关？

　　"尸山血海，无人生还"，往往是人们对战场的想象，尤其是对仅仅靠影视、诗词了解战争的普通民众。特别是对于中国人来说，不到百年之前的战争让人印象极深，无人生还的惨状屡屡出现在各种抗战剧中。

　　许多知名战例就是因为伤亡超乎寻常被记录，而更多的战斗伤亡率并不高。

　　战争是要死亡的，但死神降临的频率受多种因素的影响，唐诗称"醉卧沙场君莫笑，古来征战几人回"，而海湾战争盟军死亡不足 400 人。为什么古代战场都是无人生还，而现代战争却极少伤亡？哪些因素影响了死神的光顾？

17 世纪前的战争

　　这要先从冷兵器时代的战争讲起。似乎冷兵器时代的战争都十分残忍，伤亡比例也更大，但这种印象并不可靠。

　　第一，伤亡统计就很少准确。最常见的是夸大参战人数。《战国策》中动辄战车万乘、奋击百万、斩敌数万，常超过一国青壮年人口总数。著名的长半之战，秦将白起坑杀 40 万赵军，从技术角度几乎无法实现。西方的记录同样存在问题。公元前 216 年，汉尼拔进攻罗马，发动坎尼战役，史书记载 8 万罗马人"全军覆没",但考古证明这种说法并不可靠——不少被"歼灭"的士兵实际是逃跑,一些人 14 年后又跟随西庇阿,在扎马会战中完成对迦太基的复仇。即使是在战场上伤亡,很大程度上也不是交战造成的。古典时期,交战以方阵为单位,受敌面有限,纵深的士兵甚至得不到交战的机会。战败一方队形很快太乱,20% 左右的死亡由踩踏造成。

第二,军队常常躲避作战。曾有将军回忆道:"我们像狐狸一样谨慎作战,可能要在二十次围城之后才来一次战斗。"许多部队在视力可见的范围内对峙,互不进攻,一旦天气转冷,双方便有了体面的借口拔寨回营。路易十五时期的法国大元帅萨克斯甚至说:"在近距离射程内交火死亡的,我总共见到甚至不到 4 个人。"有意思的是,军队妥协的传统早已有之,他们有时会人为消除不对称因素,来一场公平的战斗。公元前 216 年的第二次布匿战争后,罗马人对汉拔尼战象非常恐惧,于是和迦太基人约定,以后的战争中不动用大象。1139 年,教皇曾亲自通谕,禁止基督教国家之间使用十字弓(弩)作战,原因是这种不人道的武器带来过大的伤亡,但与异教徒的战争不在此禁令之列。

真正造成大量伤亡的,往往是由于战术落后于武器的发展。一旦战术与武器系统合拍,伤亡便大幅度减少。火器大规模运用后的 17~18 世纪,各国都发展了匹配的战术,战场相对温和。1692 年,以惨烈著称的斯蒂寇克战役,恰逢火绳枪时代的尾声,战术臻于成熟,虽然盟军投入的兵力达到 1.5 万,而另一方兵力要大得多,双方各自伤亡约 8000 人,但其中死亡人数的比例很低。仅仅几年后,燧发枪出现了,一系列战役中近半数伤亡才变得常见。

武器,让战争更温和了吗

17 世纪以后,武器随着科技的进步日新月异。但矛盾的是,武器杀伤力虽然大幅增加,有时却极大降低了战场死亡率。

美国南北战争中,每年平均 1000 名士兵死亡 21.3 人,到了第一世界大战，每1000名士兵死亡降为12人，第二次世界大战中每1000名士兵平均伤亡是9人，1973年"十月战争"期间，师级部队的战斗日伤亡率平均在2%左右。20世纪90年代之后，伤亡率下降得更为明显。海湾战争中，联盟军以不到400人的伤亡完胜，极大震撼了人们的军事观念。此后西方发动的数次战争，无不多方配合、精准打击，极快地完成战斗，伤亡比都非常低。这种现象的背后是战争观念的重要变化。冷兵器时代，一场战役中，杀伤敌人的多寡是胜利的重要标准。而现代战争更注重对局势的把控、对打击对象区分更细，在技术的帮助下，实现战略目标十分迅速。

具体战场中，军队合成化程度的提高，也大幅减少了伤亡。南北战争时期，军队中80%是步兵，随着武器系统变得复杂，普通步兵占比越来越小。"二战"中，巴顿率领的美国第3集团军在欧洲的经验表明，师级作战单位，20%的伤亡即失去进攻能力，只有从别处补齐兵种或者撤退、投

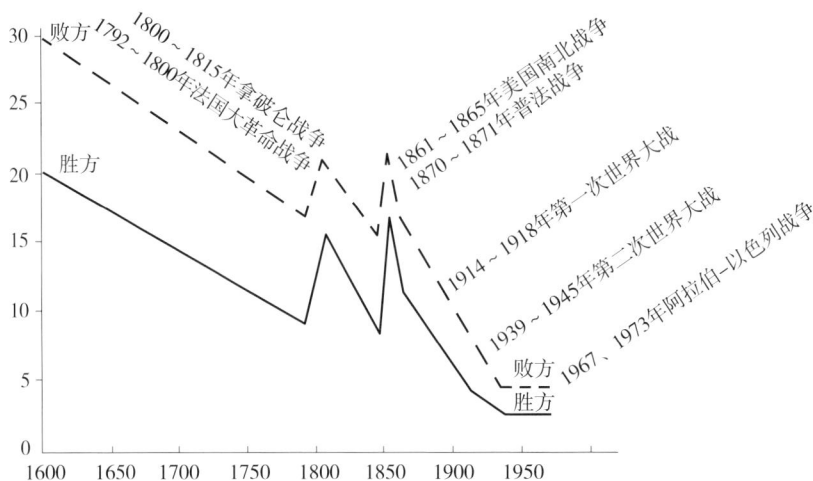

1600～1973年3万至7万兵力的战役平均伤亡率（数据来源：T.N.杜普伊《武器和战争的演变》）

降。同时，人员密集度不断下降，让伤亡人数锐减。著名军史专家杜普伊曾做过统计，虽然对大规模军事编队的杀伤力提高到原来的 2000 倍，但现实中士兵分散率提高了 4000 倍。

历次战争中士兵分散率的典型举例（兵力为10万的集团军或军）						
	古代	拿破仑战争	美国南北战争	第一次世界大战	第二次世界大战	1973年十月战争
部署100000人的部队所占据的面积（平方公里）	1	20.12	25.75	248	2750	4000
前沿阵地（公里）	6.67	8.05	8.58	14	48	57
阵地纵深（公里）	0.15	2.5	3	17	57	70
每平方公里的人数	100000	4970	3883	403	36	25
每人占据的平方米数	10	200	257.5	2480	27500	40000

历次战争中士兵分散率的典型举例（兵力为 10 万的集团军或军）

第一次世界大战中，机枪和铁丝网的出现，极大增加了步兵的伤亡。此后，合成单位和分散作战变为不可逆转的趋势，极少有人能用密集人力对抗工业力量。但还是有人进行了尝试，虽然并非本意。

某些场合下，武器进步仍然增加了死亡率，那就是平民武装冲突。这些战斗的目标就是打击有生力量，手段无所不用其极，渗透到每个角落，发挥了技术残暴血腥的一面。这种战斗的恶果大多是由平民吞下，令人心悸。

医疗的赠礼

医疗虽然不能改变伤亡数，但能极大降低伤亡比。早期的战争中，极少有专业的军医和救治机构，并且冷兵器交战中，受伤的士兵很快成为任人宰割的对象。火器伤出现后，军医在相当长时间内没有适应这一改变。他们将并发症的伤口归因于火药中毒。救治方法也是南辕北辙，1517 年德国出版

战斗伤亡人数统计举例（估算数据）			
战争名称		代表性的交战中每日伤亡百分比	
美军	墨西哥战争	安提塔姆战役	公开数字 17.7
			内部数字 28.9
	南北战争	葛底斯堡战役	公开数字 9.8
			内部数字 12.5
	第一次世界大战（6 个月）	每师平均	2.00
	第二次世界大战	每师平均	0.90
	朝鲜战争越南战争	每师平均	8.00
苏军	1944 年（12 个月）	库尔斯克战役	3.00
中东战争			
1967 年	以色列（6 天）	平均	2.80
	埃及（3 天）	平均	6.00
	约旦（3 天）	平均	5.60
	叙利亚（2 天）	平均	4.00
1973 年	以色列（19 天）	平均	1.80
	埃及（19 天）	平均	2.60
	叙利亚（17 天）	平均	2.90

战斗伤亡人数统计估计

的《医师野战简书》主张缝合前用热大麻油浇注伤口。法国军医毫不示弱，建议人为扩大创口，让脓液自由流出。一部分医生尝试给失血过多的伤员输血。1818 年一名叫布伦德尔的医生做过一次尝试，但伤员在几小时内就死亡。普法战争中，伤亡惨重的普鲁士人给一批伤员输血，在对血型知识一无所知的 19 世纪初，结果自然是悲剧。

几百年来，对于四肢受伤的战士，截肢都是野战医疗的首选。这一时期，医生的工作与木匠类似。一名叫拉雷的法国军医，在波罗廷战役中挥汗如雨，一天做了 200 例手术，锯掉的手臂和小腿在帐篷里堆成小山。在没有麻醉剂的时代，这是一种惨无人道的酷刑，不少伤员宁可死去也不愿承受剧痛。路易十四曾说："士兵们害怕外科医生的手术刀，更甚于敌人的炮火。"熟练的"手艺人"是军队宝贵的财富，19 世纪 20 年代，法国人詹姆斯·赛姆可以在一分半钟内剥离肌腱、骨头，将一条腿卸下来，大大缩短伤员的痛苦时间，他因此绝技成为法国首席野战医生。但是，截肢只是救治的第一步，坏疽病和其他感染更为致命。在没有认识到消毒重要性之前，救治基本上听天由命。普法战争1.32万名截肢者中，将近1万名最终感染死亡。

比战斗伤亡更可怕的是疾病。1870年以前，军队中死于疾病的人远远高于阵亡者，拿破仑进行的历次战争这一比例一直保持在8∶1。美国内战中，往往一个团从开拔到加入战斗前，已经减员一半。"一战"末期，新生的工农苏维埃政权，伤寒导致了数十万军人死亡，其时恰逢外国武装干涉。医疗的进步最终改善了伤亡情况，尤其是抗生素的诞生与战场阶梯治疗体系的普及。"二战"开始，伤亡比例便稳定在3∶1~4∶1，在其后的几十年都没有大的变化。医疗技术最发达的美国在越南战场上的伤亡比例达到7∶1，到了反恐战争阶段，这一数字上升到10∶1。

战争固然可怕，但谢天谢地的是，不管哪一时期，大多数人还是生还了。

为什么选择你，我的外语

文 | 刘大可

牛顿的《自然哲学的数学原理》初版用拉丁文而不是英文写成，恺撒大帝死前最后一句话用的希腊文："καὶ σὺ τέκνον？"（吾儿，亦有汝焉？）他们为什么选择这些外语呢？

英语应退出高考吗？有观点认为：低收入家庭可减少教育支出，高收入人能节省时间成本——如果英语足够小众，再学习西班牙语、法语的必要性就会降低。另一种说法更为"正确"：为维系汉语纯洁性，不应在义务教育中考核英语。外语的选择是否能如此简单决定呢？

征服者的语言

是否选用某种语言，最重要的影响因素是权力，这集中表现为对征服者语言的学习。从古典时代的罗马帝国与拉丁语，到近现代的英语，都清晰体现了这一点。从公元前5世纪初开始，罗马帝国征服了地中海沿岸所有文明，他们的部落语言拉丁语就以征服者的姿态成了地中海世界法律、行政、军事、文书上的通用语言。尤其在罗马帝国西部，拉丁语到5世纪就已经成为最广泛使用的语言，原先的凯尔特语被视为下层的方言。

但在曾经受希腊文明浸染的罗马帝国东部，拉丁语的推广并不顺利。早在罗马帝国之前，亚历山大大帝的赫赫武功将希腊语塑造为地中海东部的上层语言。古埃及法老王室用的都是希腊语，著名的埃及艳后本人就是希腊征服者的后代。连恺撒大帝都用希腊语与她调情，包括他被刺死前最后一句话也用的希腊语："καὶ σὺ τέκνον？"（吾儿，亦有汝焉？）即使被罗马帝国征服后，地中海东部仍以希腊语为尊。除文化上的深厚基础，东部丰饶的物产也是希腊语抵御拉丁语攻势的力量所在。因此，此时成书的《圣经·新约全书》用希腊语写成，并非拉丁语或希伯来文。然而世界上没有永恒的霸主，随着罗马帝国解体，日耳曼的蛮族入侵，拉丁语在不列颠群岛的统治地位遂被打破，英语就开始形成了。

大不列颠岛南部是罗马帝国最北方的边疆，统治十分薄弱，最先受到日耳曼族群中盎格鲁、撒克逊等部落侵占。今日英国人被称为盎格鲁－撒克逊人即源于此，现代英语中一半词根都来自这两部落的日耳曼方言。8世纪的欧洲迎来"维京时代"，丹麦人横扫了英格兰，还曾短暂地将英格兰纳入版图，于是北欧的古诺尔斯语也进入古英语的上层语言。讲述北欧英雄事迹的英文史诗《贝奥武甫》就在此时形成，如 take、same、hit、bag、leg、sky、they 等 2000 余现代英语词汇都来源于古诺尔斯语。1066 年，诺曼底公爵威廉征服了英格兰，建立了一个讲法语的诺曼王朝，于是数千法语词汇进入英语。现代英语中，动物和动物的肉往往是两个不同的单词，比如 cow 和 beef，pig 和 pork，就反映了征服者的角色——动物由本土英国人饲养，词源来自日耳曼语，而肉要奉献给讲法语的贵族，故词源是法语和拉丁语。

"有教养"的书面语

征服者固然能决定上层的流行趋势，科学、文学方面的学者更在乎语言的规范、准确。拉丁语就是此语言之一。它脱离口语，异常稳定，词义不发生漂变。

在罗马帝国兴盛之前，西欧有学识者就认识到了拉丁语作为书面语言的好处。公元前 1 世纪到公元 2 世纪被称为拉丁语文学史上的黄金时代和白银时代，《高卢战记》《论共和国》《名人传》《变形记》《诗艺》等军事、政治、历史、文学著作直到今天都被视为经典，拉丁语成为堪与希腊语媲美的文学、诗歌的语言。同时，因为语法和词汇统一，它打破了时空的阻隔，也巩固了上层阶级之间的联系，为后来的罗马帝国提供了支持。此后的西欧，拉丁语一直是学者撰写专著的首选用语。波兰的哥白尼、法国的笛卡尔、英国的培根、德国的高斯、荷兰的斯宾诺莎、瑞士的欧拉、瑞典的林奈等都用拉丁语写下了改变世界的著作，自然包括牛顿那本《自然哲学的数学原理》，在初版40多年后才被译为英文。今日，罗马帝国的权力褪去后，拉丁语仍然以标准命名语出现在天文、气象、生物、地质等学科中，被视作整个科学界的上层语言。凯尔特语、古诺尔斯语等相对口语化的语言就没有这般长寿。

东亚文明中，汉语的文言文因同样的稳定性，造就了深远影响。文言文本是秦汉口语，经过不断的规范化成为标准书面语，此后两千多年的时间里都保持了极高的稳定性，东亚多数国家受此影响。5世纪左右，文言文传到

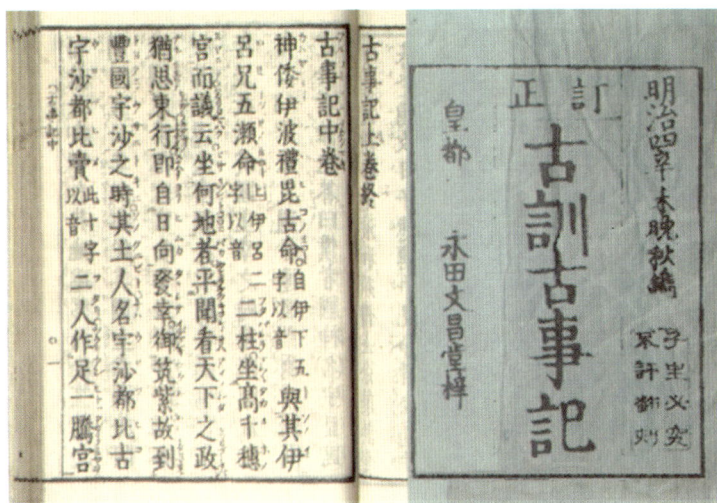

明治时代修订的《古事记》，正文全用汉语文言写成。今日看来，中国人要比日本人更容易读懂它。

了尚无书写系统的日本。日本最早的史书《古事记》，就由汉语文言文写就，加入了区分日语语序的标记。这种写法被称为"漢文"，一直到 19 世纪都是日本男性最正式的书写方式，今天仍然是日本学校教育中的一项内容。

但对于日本普通民众来说，"漢文"这种"文言二途"的书写系统，毕竟属于外来语言，没有相当的培训，很难掌握。于是逐渐出现了"假名"，今天日语最常用的平假名，早先是女性写抒情诗、写歌词用的，11 世纪初的《源氏物语》通篇都是平假名，平假名在当时地位很低。假名的使用规范明治时期才制定出来，和"漢文"一起构成标准书面语。今天的日本语言学者认为，汉字融入日语和诺尔曼人征服不列颠群岛并将法语带入英语的影响一样重大。诸桥《大汉和辞典》是最大的日本汉字字典，共记载近 5 万汉字，不过在战后的现代日文中，常用的汉字只有两千多。能在书写中使用多少汉字是日文水准的重要指标，这与英语母语者故意使用拉丁语或法语的单词，以标识上流地位的做法十分类似。

信仰的载体

一种语言被塑造为宗教用语，那么它的影响力也会随宗教的扩张而增加，拉丁语之于基督教就是如此。罗马帝国灭亡后，基督教会将拉丁语作为宗教制度的重要保证。礼拜、传道、唱诗等都使用拉丁语，《圣经》选用圣哲罗姆的《拉丁文通俗译本》，僧侣最重要的工作之一就是用拉丁语抄写圣经。中世纪时，研习拉丁语经典是神学的头等工作，经院哲学就在这一过程中被建立起来。与此同时，东罗马帝国完全沉浸在希腊文明的余晖之中，希腊语不但是日常用语，更是学术、行政、宗教的标准语，自然也被东罗马帝国奉为正宗的东正教用语。斯拉夫人的一支南下后，便受影响皈依了东正教，将希腊语作为宗教语言。中世纪的希腊语之于斯拉夫人，如同拉丁语之于日耳曼人，今天多数斯拉夫语言都在使用西里尔字母，比如俄语字母，就是 9 世纪时为了传教方便，用希腊字母改编而成的。在东正教的影响下，这些希腊文的后裔成为东欧的标准语言。

公元 7 世纪后，阿拉伯人在地中海周围建立了一个久违的大帝国，留下了一个延续至今的伊斯兰世界。相比基督教，伊斯兰教在语言上更加严谨，穆斯林认为《古兰经》本身就是奇迹，《古兰经》的经文不应该以别的语言来呈现，所以无论穆斯林母语是什么，都要先学阿拉伯语才能阅读《古兰经》。在北非地区，阿拉伯语驱逐了原有的语言，成为所有人的书面语乃至口语，最古老的埃及也放弃了埃及语和希腊语。不过，阿拉伯字母没有元音，在漫长的扩张过程中，无法保证它的规范性。当代阿拉伯语许多方言已经无法在读写上沟通了。

新力量的投射

拉丁语、希腊语、阿拉伯语和汉语，对古代世界有着深刻影响，但当今世界的语言格局却属于那些新崛起的力量。

先崛起的语言是法语。17 世纪法国成为欧洲大陆最强大的力量，同时也是欧洲的文化霸主。建筑、绘画、戏剧、歌剧，乃至金迷纸醉的宫廷生活令各国艳羡，古典主义文学也席卷了各国文坛。经过 18 世纪的启蒙运动，19 世纪的浪漫主义大潮，法语作为欧洲各国宫廷语言和外交语言长达 300 年，直到 1919 年才失势——当年第一次世界大战结束，《凡尔赛和约》签署时同时使用了法语版和英语版，这被认为是英语的国际影响力超越法语的转折点。

20 世纪初，英语已经是使用国家最多的官方语言，尤其是第一次世界大战结束时，美国成为世界第一大经济体，英美两个超级大国的接力，使英语词汇大量流入各种语言，甚至替代了某些语言中的原有词汇，以显示说话者的层次。素以稳定著称的汉语也受到这一趋势影响。像"你们店里有没有

'Wi-Fi'？"这类英文单词直接嵌入汉语的情形，已颇似日语假名里夹着汉字——这被许多人看成汉语的危机。除了简单的嵌入，英语的语词构造方式也深入到现代汉语。比如现在银行常用的"按揭"，其实就是汉语的"抵押"，由"按金"的前一半"按"，和英文"mortgage"的后一半读音"揭"杂交而成。而"这是不对的""他的辨识度很高"之类看上去纯粹是汉语的表述，其实是英语语法配汉字，真正的汉语会直接说"这不对"和"他很好认"。

与学者们对汉语纯洁性的关心相比，中国家长的选择更为实际。中国一二线城市如此之多的双语学校、双语夏令营，以及家长们不遗余力地在子女的英语教育上大笔投资——这些显然超出了普通考试的需求。

某种程度上，如何让中国人不分地区、贫富、阶层，能够更平等地接受英语教育，平等与世界对话，或许远比设法维护汉语纯洁更为重要——若将英语从高考统考中赶出去，它当然会变成一种更多依赖家庭投资的学习，这种对外语的不选择，在全球化的今天是否可行值得商榷。

美食的政治经济学

文 | 潘　游

历史上，有钱有闲的超级食客创造了中国丰富的烹饪文化，当中国人今天整体变得有钱有闲时，中国烹饪文化正在经历一次颠覆式的改造。

也许有人纳闷，为什么自己家乡的菜很不错，却没在中国著名菜系中占有一席之地？没错，中国很多地方都有值得一说的地方小吃，然而它们却很难支撑起站得住脚的菜系——路边大排档的师傅或许有几样特别拿手的小吃，但善做卤煮、炒肝还算不上是烹饪大师。

如果摊开美食地图，无论是鲁川粤淮的四大菜系和在此基础上加了闽浙湘徽的八大菜系（顺序不分先后），可以清晰地看到：列入榜单的菜系基本上多在东部和南方，多毗邻水路，最早的四大菜系尤为明显。在铁路、公路诞生之前，运河、江河、近海是中国大宗物流的主要通道。前现代社会的经济与社会发展受制于自然环境，穷乡僻壤或缺少自然水道的人口密集地区，注定只能诞生本地人津津乐道的小吃，而不会发育出被普遍认可的菜系。

超级食客的贡献

以省份来划分美食，或有过分粗略之嫌。因为省级行政单位实际并不严格按照民系或共同的地理气候来划分，而民系共同体决定了风俗习惯，地理气候决定了出产，此二者对菜系的形成格外重要。菜系虽以省命名，实际上却形成于其地方性的商业中心——它往往也是航运中心。无论是鲁之胶东、京杭运河畔的孔府、巴蜀的上河（成都）下河（重庆），还是粤之广州、安徽的徽州，均是如此。经济相对发达的区域，才有可能汇集更多更好的食材，也会出现能够消费美食的阶层。不过，在传统农业社会，餐饮业市场规模极为有限，能消费得起像样菜肴的，只有极少数富商和权贵。因此在中国现代菜系形成之初，论及对烹饪文化的贡献，官宦富豪家庭的宴请攀比，要比餐饮业自身的市场竞争更大。

中国各地方菜系的介绍内容中，往往把自己的历史追溯到秦汉时期。但是，直到明代晚期，形成地方风味差别的辣椒、土豆、番茄等重要食材才进入中国，而各种发酵酱料和熏制、腌制等技术的成熟稳定都是比较晚近的事。清末才开始出现的菜系之说，较能反映其真实历史的演进。

公认较早形成独特烹饪技术和风味的，是淮扬地区、济南府、广州府。这三个地区都毗邻重要运输水道，因此富商云集的特征最为明显。而四大菜系中，这个特征最不明显的是四川，川菜也是四大菜系中最后形成的一个。不过，它同样是超级食客推动烹饪技术的绝好例子。在近世川菜菜品定型的过程中，餐馆"正兴园"起了相当重要的作用。由于太平天国运动，清末的江南地区饱受战火侵扰，较安定的四川一举成为新的粮赋中心，聚集了一批有消费能力的富商高官。平民百姓的"下九流"小吃显然不能满足这些超级食客的饕餮之欲，满族厨师关正兴于咸丰年间在成都开办餐馆后，即为官商们提供上门包席服务。这个以北方菜特点为主的餐馆，在民国初年因一位官宦世家的食客周善培得以被重大改造。

清代官制规定，官员不得在家乡本地任职。"宦游"就成了为官者及其家庭的常态。同时东部、江南等地读书人甚多，在科举中一直占据优势，因此淮扬菜、杭帮菜肴成了宦游者眷恋的家乡味道。周善培本是浙江诸暨人，青年时代即跟随当营山知县的父亲周味东定居四川。他利用南方烹饪技艺，结合四川当地食材，做出的"周派"菜品，为正兴园注入了南方特点。正兴园此后培育出了大量川菜厨师，一个菜系因此产生。如今的宫保鸡丁，也有类似的命运轨迹。贵州人丁宝桢任四川总督时，要求家厨用鲁菜中的爆炒方法改进本地的青椒炒鸡丁，遂产生了此菜。后来，丁宝桢官居东宫少保，"官保"由此得名。

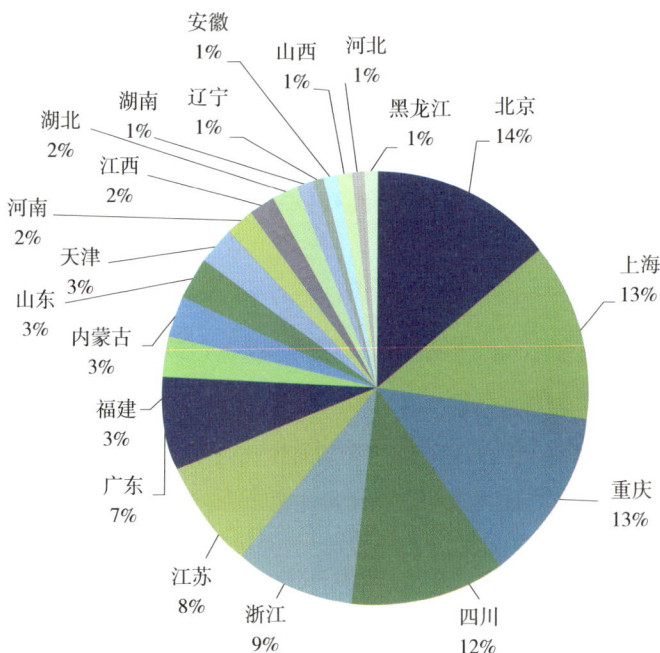

得益于荟萃南北的改造，在如今中国餐饮业百强企业的地域分布中，我们可以看到四川、重庆占到了四分之一的比例。

今日与川菜一同享誉中国的湘菜，似乎与川菜一样，也有明显的外部引入特征。只不过川菜是外地超级食客引进烹饪技术，而湘菜则是由本地超级食客——民国初期著名的谭延闿，引进外地烹饪技术。谭延闿之父谭钟麟原籍湖南茶陵，担任两广总督时，家厨以来自潮州的粤厨为主。儿子谭延闿生于其早年任职过的杭州，自幼吃遍大江南北的谭延闿在清廷覆亡后，出任湖南都督。1920 年，曾主导"研发"了诸多谭家菜的家厨谭奚庭单飞，在长沙经营"玉楼东"酒家。这位善做江苏菜、潮汕菜的厨子，将对清淡、鲜美的追求带入了湘菜中。

通过考察近世菜系形成过程中的关键人物，我们不难得出这样的结论：四大或八大菜系都可溯源至鲁、淮扬、粤。长三角、珠三角地区在烹饪文化中的强势，不仅来自权贵家族的积淀，并且影响了全国各地。即便是无产阶级革命家，也因在革命生涯中足迹踏遍全国，而对各地美食有着清晰的认识。

中产阶层的力量

高端烹饪有赖于食不厌精的超级食客群体，而地方小吃的水准则有赖于本地普通之家。虽然近世的北京作为政治中心，成为鲁菜真正发扬光大之地，但相较于南方，北京下层居民要贫困得多。相对而言，由于存在较富裕的中间市民阶层，长三角和珠三角的地方民间小吃精细得多。美国作家安娜·路易斯·斯特朗在《中国人征服中国》中提到，一位生于北京的同志曾这样想象将来的美好生活："等咱们解放了北平，我一定请你吃一顿炸酱面。"

计划经济年代，中国餐饮业几乎不存在创新意识和竞争意识，烹饪文化也只是一种标本意义的存在。今天中国人熟悉且引以为豪的烹饪文化，实际上是最近 30 年高速增长的经济所导致的，餐饮业由饮食需求温饱型向享受型迅速转变。空前广大的餐饮市场，使得大众餐饮第一次成为推动烹饪技术进步的力量，而厨师"研发"新产品，不再需要富商、官宦的财力，市场本身就可以提供这种机会。竞争带来烹饪技术的创新和互相融合，使得地方菜系风味不再那么泾渭分明，尤其是在人口流动程度更高的大都市。而传统社会富商官宦阶层享用的美食，今天"沦为"大众美食。

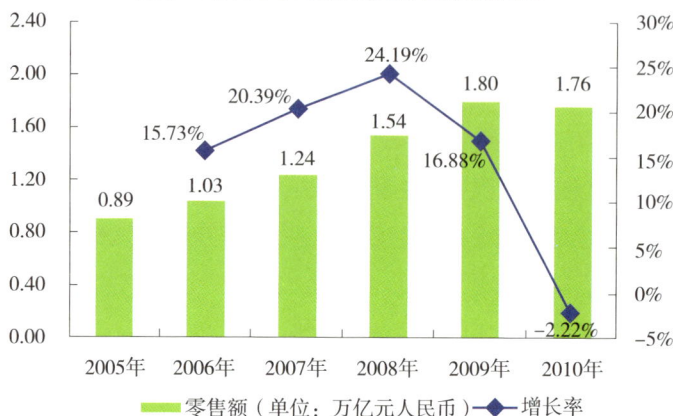

2005~2010年中国餐饮行业零售额变化情况

餐饮业的销售总额在社会消费品零售总额中的占比

也许中国人有理由认为，自己是全世界最热爱美食享受的。香港大学一份社会调查发现，香港在迅速进入富裕社会后，饮食支出占其日常消费的比重（即恩格尔系数）并没有像西方发达国家一样显著降低。内地的情况与香港相同，尤其是城镇居民最近10年来的恩格尔系数只有非常微小的下降。

年份	城镇居民家庭人均可支配收入		农村居民家庭人均纯收入		城镇居民家庭恩格尔系数（%）	农村居民家庭恩格尔系数（%）
	绝对数（元）	指数（1978=100）	绝对数（元）	指数（1978=100）		
2001	6859.6	416.3	2366.4	503.7	38.2	47.7
2002	7702.8	472.1	2475.6	527.9	37.7	46.2
2003	8472.2	514.6	2622.2	550.6	37.1	45.6
2004	9421.6	554.2	2936.4	588.0	37.7	47.2
2005	10493.0	607.4	3254.9	624.5	36.7	45.5
2006	11759.5	670.7	3587.0	670.7	35.8	43.0
2007	13785.8	752.5	4140.4	734.4	36.3	43.1
2008	15780.8	815.7	4760.6	793.2	37.9	43.7
2009	17174.7	895.4	5153.2	860.6	36.5	41.0
2010	19109.4	965.2	5919.0	954.4	35.7	41.1
2011	21809.8	1046.3	6977.3	1063.2	36.3	40.4

2001~2011年我国恩格尔系数变化（数据来源《中国统计年鉴2012》）

而餐饮业的销售总额在社会消费品零售总额中的占比，一直在稳步上升——表中 2010 年的下降，是由于改变了统计口径。2009 年以前，国家统计局餐饮行业零售额包括餐饮与住宿两部分，2010 年开始，国家统计局餐饮行业零售额只包括餐饮部分，住宿部分另计。

越来越多的中国城镇居民在餐馆而非自家厨房解决吃饭问题，并非恩格尔系数中国例外论的有力解释——发达国家恩格尔系数下降时同样如此。中国与发达国家恩格尔系数的表现差异，或许最大的原因在于饮食文化的区别。

在中国，餐饮很大程度上扮演了社交媒介，无论是亲戚朋友感情交流，还是工作伙伴间的洽谈交流，餐桌的地位始终没有因为财富增长而动摇。自宋代高脚家具发明、分餐演变为合餐制后，这种围坐在一起的集体进食方式，就格外适合边聊边吃。在酒水的助兴下，进餐时间被拉长，更适合交际。相比西方社会，无论是打发闲暇时间还是社交活动，中国人都有更多元的手段和方式——除了酒吧、咖啡馆已经遍地的一线城市，以及有着深厚泡茶馆文化的四川地区之外，中国人打发时间、交际谈事的场所往往在饭桌上。总之，中国人富了，花在餐桌上的时间和金钱也更多了。

传统菜系会消亡吗

经济高速发展对中餐的重新塑造，有些是无法通过个案的变化察觉的。20 世纪 90 年代起，烹饪文化的交融，使得较大的中餐馆越来越多地向全能型方向发展，同时能涵盖多种菜系、能做上百种菜肴，这种规模较大的全能型中餐馆，集中地体现了中餐繁复博大、随心所欲的烹饪文化特征。这种全能型大酒楼，高度依赖强大的厨师团队的专业水平和创造能力。它从质量稳定到物流管理上都面临极大的难度。尤其是与同期开始悄悄在中国登陆的境外餐馆相比，后者从研发到大批量的食材采购、验收，以及仓储、加工、配送直至门店的最后一步操作，在质量的稳定和成本控制上都比全能型餐馆更具优势。

虽然喜欢享受型饮食的中国人并未改变自己的口味，但近 10 年来，中国餐饮业的格局却发生了剧烈的改变，菜式更少、菜谱更薄的正餐馆和快餐的增长速度远远高于全能型餐馆，这一点在发达城市表现得更为强烈。尤其最近两年，全能型大酒楼不但绝对占比迅速下降，越来越依赖正式宴请消费的全能型大酒楼，过去一年甚至出现了绝对额的下降。与之相对的是一批国内品牌连锁快餐的成功。大量标准化中式快餐馆的出现，不仅是对中国餐饮业的重塑，更是对中餐文化传承的巨大冲击，它在解决了厨师师徒授受的低效难题之时，也正在消灭传统的中餐厨师。能鲜明体现这一趋势的是火锅店和鸭货。前者因避免了复杂的技术，后者以相对单调的制作方式和取材部位，率先实现了标准化。接下来改造的对象也会不可避免地延展到复杂的菜系上——N 大菜系之说成为过去，或许我们很快就会看到。

除了市场化这只看不见的手之外，看得见的手在中餐标准化的过程中，甚至也发挥了巨大作用。"沙县小吃"这种并非统一集团公司运营，但口味差距相对较小的模式，便是福建沙县官方推动的。这种基本只允许沙县本地人和外地亲戚经营，且有同业公会的培训以及相关政策文件《沙县小吃配料生产、加工和销售行为规范标准要求》的成套解决方案，克服了中餐标准化过程中比较薄弱的地方。

中国的市场化餐饮行业，恢复的时间也就只有三十几年，因此依然在快速的演进当中，许多我们今日常吃的菜品如大盘鸡等，其实发明只有十几年的时间。随着城市化的推进、社会结构及生活方式的改变，十几年后我们见到的中餐，可能与今天大不一样，只是我们每个人都在十几年间的每顿饭中见证这个过程，很难明显地察觉到这种变迁。

智商测试：现代人的偏见

文 | 杜修琪

在早期的智商测试中，在每一个年龄段，女孩的分数都高于男孩，心理学家为此非常焦虑。美国曾有 12 个州通过了对智力缺陷人群实施绝育手术的立法，27 个州实施强制绝育计划。

塑造神童的人总喜欢拿爱因斯坦做标杆，或许因为他的名字已成为"天才"的代名词。"英国 13 岁女童智商 160，堪比爱因斯坦"，类似标题屡见不鲜。但这种对比的说服力极低，智商测试不是通考。市面上最为流行的韦氏、斯坦福 – 比奈、瑞文测试各有评分标准，儿童与成人的试题也不相同。更重要的是，爱因斯坦生前并没有接受过智商测试，虽保留了他的大脑，也无法用此估算属于心理学概念的"智商"——除非人脑复活，亲自做一次智商测试。

实际上，爱因斯坦的智商值来源于 1926 年凯瑟琳·考克斯和路易斯·特曼所做的 300 位历史天才早年智力的估算。对这些智商测试发明前的人物，考克斯的研究方法相当粗暴：阅读传记细节，替他们做当时流行的斯坦福 – 比奈智力测试题。考克斯的结果或许令喜欢拿它对比的"神童"失望：爱因斯坦的智商只排在中游，远低于斯图亚特·密尔的 190、笛卡尔和伽利略的 180，只与诗人艾略特持平。唯一超过 200 的人叫弗朗西斯·高尔顿，他并没有前几人的名望，但他是智力测量的先行者，考克斯和特曼的学术偶像。

尤为值得一提的是，在智商测试的改进过程中，无论注重考察何种能力，这个测试始终是一个为现代社会标准而设置的游戏。在某种意义上，它很难摆脱现代人的偏见。

智力测试的进化

长期以来，智力高低都是见仁见智的，没有精准、抽象的标准。工业革命后，惊叹于科学定理效力的人们，开始将目光转向以往含混不清的领域，智力就是其中之一。

"200分先生"高尔顿是这方面的先行者。1859年，他阅读了达尔文的《物种起源》后深受刺激，决定测量人类的智力，用精确的数据证明他的优生学设想：人的智力由遗传决定。高尔顿很快开始工作，试图在听力、手的灵敏度、中指长度、头颅大小等要素间，找到与智力高低的关系。结果令人失望，这些因素完全无法解释智力的差异。不过，这些失败的举措开启了量化智力的尝试。

1881年，法国开始推广义务教育。为区分普通儿童和有缺陷儿童，教育部门急需合适的检测工具，以便因材施教。需求刺激下，法国的阿尔弗雷德·比奈和西蒙在1905年制作了第一份智力测量表，并在1908年的修订中，创造性地按不同的年龄段设计了试题，提出了"心理年龄"的概念。相比较后人，比奈没有宏伟的野心，他清楚地强调他的测验只能测量部分智力，对预测有学习困难的儿童可能有效。

接下来，改进智力测试的交接棒传到了美国。20世纪初，在这个生机勃勃的国家里，征兵、移民、教育，都急速扩展，成千上万学历不明、背景不同的移民蜂拥而入，政府迫切需要更有效的区分方法，在混乱中整理出秩序。同时应用心理学正在美国快速地发展，人们相信，心理学家可以搞定一切：婚姻失和，工作不满，推销保险……于是被法国人漠视的比奈测试在美国大放异彩。战争的爆发催化了狂热需求，智商测试就在这个背景下大踏步地走入美国人的生活。

1916 年，路易斯·特曼——给历史名人估算智商的考克斯的导师，修改了比奈－西蒙测量表，将新版本命名为斯坦福－比奈智力测试。特曼吸收了 1911 年德国人威廉·斯特恩提出的智力商数（IQ）概念，根据不同年龄儿童做测试的分数均值，设为"智力年龄"标准，每个儿童的个人智力数值，取决于心理年龄与生理年龄的比率。这种测试方法被称为比率智商，公式如下：

$$智商 =（心理年龄 / 生理年龄）\times 100$$

所以，高尔顿智商为 200，是考克斯和特曼认为他 3 岁就能完成达到正常儿童 6 岁的斯坦福－比奈智商测试水平；同理，爱因斯坦的传记等材料被认为只能体现 1.6 倍的心理年龄 / 生理年龄比。

此后，智商测试不断进化。1949 年，韦克斯勒编制了不同于比奈系列的新测试表，称为韦氏智商测试，影响至今。韦氏测试分为成人、儿童、幼儿三版，采用离差智商计算，将同一组的智商平均值设为 100，标准差设为 15，整组的数据呈正态分布。与比率智商不同，离差智商不计算不同年龄的成绩比率，而将挑选出来的同年龄人做常模参考，表示个人在同年龄组的相对位置。这种新的参照方法也影响了斯坦福－比奈智商测试。在 1960 年第三次修订时，它也采用了离差智商，但其标准差为 16。这意味着高智商的分数，在韦氏测试应为 130，在斯坦福－比奈测试则为 132。

所以，即使考克斯的传记估算法合理，媒体上介绍某个与爱因斯坦媲美的聪明的少年时，也该先确定几个问题：你使用哪种测试？成人组还是少儿组？标准差多少？参考的常模又是哪些？

什么是智力

智商测试首先取决于对"智力"的理解。早期智商测试的短板在于应用先行，缺乏理论。此后智力理论层出不穷，但是最核心的问题依然围绕着什么是智力、智力的结构、遗传和后天因素对智力的影响……这些问题充满了争议。

最初，对智力本质的探讨来自英国心理学家斯皮尔曼，在 1904 年他提出了常规智力和特殊智力之分。常规智力被称为 g 因素，它被认为是智力的关键。斯坦福－比奈测试表就主要集中于 g 因素的测量——反应速度、记忆力、语言能力、计算能力。这种解读的方法，将智力解析为各种能力。但只关注静态能力，容易落入穷举的泥潭。到 20 世纪 80 年代时，它已细分到了 240 种因素。

认知心理学兴起后，学者提出了信息加工理论，不再斤斤计较于静态的划分，更注意智力处理现实问题的能力。按照这个理论，人脑被理解为信息处理系统，智力体现于为了一定目的，加工处理信息的表现。于是，将因素和信息加工调和在一起的智力层面理论出现了——既划分了不同因素，又注重因素在信息加工中的表现。在这种视角下，一些心理学家将以往不被重视的能力纳入视野，不局限于传统的狭隘定义。哈佛大学的加德纳在 1983 年提出"多元智能"概念，一改以往强调抽象思维的智力观念，将人际关系、音乐、肢体动作等加入智力范畴。著名的情商概念也在此时提出。1991 年，萨洛维提出的情绪智力（EI）概念，认为认知、控制情绪的能力，是一种长久以来被忽视的智力。经过戈尔曼的传播，情绪智力广为人知，逐渐被传播为情商（EQ），和智商并列。

智力理论的发展影响了智商测试的项目，斯坦福－比奈量表的测试能力，从最初的 g 因素，到后期的 8 种，其测试结构的数量和内容也发生变化。

1916～2003 年斯坦福－比奈智商测试的结构变化		
版本	结构	测量能力
1916	水平词汇测试 单一年龄量表	一般智力
1937	L 型词汇测试 水平年龄量表	一般智力
1960～1973	词汇测试 单一年龄量表	一般智力
1986	词汇路径测试 子测试积点量表	一般智力 语文推理 抽象推理 数量推理 短时记忆
2003	混合结构 语言例行测试 非语言例行测试 语言及非语言年龄 量表	一般智力 知识 流体推理 数量推理 视觉空间处理 工作记忆 非语言 IQ 语言 IQ

斯坦福－比奈智商测试五次修订的内容变化

认知神经科学的发展，又给智力理论提供了新的支撑。目前，学界倾向于认为大脑突触更多的人，智力表现更好，大脑皮质的厚度也与智力相关。除了从脑部构造角度探讨，认知神经科学还在确定人脑的信息加工速度、知觉速度、神经速度等功能与智力的关系。

不过，这些神经科学角度的尝试也受到"智力"概念的困扰，对人脑哪一部分的扫描？都只能够确定相关关系进行推论，更进一步的探讨，则都需要理论标准。

未来智商理论会有什么发展，技术上能否用脑部扫描等手段取代智商测试，抑或证明智商测试的合理性，仍是未知数。理论的发展推动人们更理性地看待智商测试，因为人类曾有滥用测试的深刻历史教训。

智商测试的滥用

1927 年，美国最高法院以 8∶1 的投票结果，判处弗吉尼亚州对一名"弱智"妇女实施绝育手术。著名的霍姆斯大法官曾对此评论道："三代弱智已足够。"此后，美国 12 个州通过了对智力缺陷人群实施绝育手术的立法，27 个州实施强制绝育计划。最热衷于此的加利福尼亚一共实施了 2 万多例手术。登峰造极的是纳粹德国，近 40 万人被判定智力缺陷，强制绝育，还有 10 余万人被杀害。更早的时候，美国医生在移民到达的地点，仅凭交谈和观察，就评估他们的智商分数，弱智者将因此被遣返。1924 年，受智商检测结果的影响，美国国会出台了更严格的移民控制法案。

这种滥用智商测试的现象引起了人们的警觉，最著名的反对者是李普曼（Walter Lippmann）。1922 年，他在《新共和》杂志上与特曼打了一场笔战，李普曼抓住当时智商测试的弱点，批评其简单粗暴地对待复杂的人类智力，总是偏重某些能力，只能得出偏见，容易给个人贴上永久的标签。当时智商测试值得诟病处甚多。比如早期的斯坦福－比奈测试中，女孩的分数在每个年龄段都高于男孩，这让路易斯·特曼很焦虑。在 1937 年新版本的测试量表删除了男性得分差的项目，轻轻一动，男孩就和女孩一样聪明了。20 世纪 60 年代的美国，民权运动风起云涌，智商测试被认为是种族主义的方法，受到活动家的冲击，纽约、华盛顿特区、洛杉矶等地区禁止对小学生进行智商测试，不过随着民众热情的消退，这种激进的禁令很快被取消了。

随后，智商测试不断完善，早期的很多问题已经解决。但接下来，它又面临更人的麻烦：弗林效应。这是由美国人詹姆斯·弗林命名的现象，它显示，在 1930～1980 年，发达国家的智商测试初始分数一直在上升，比如

1932～1978 年，美国年轻人的 IQ 平均指数提高了 14 点。弗林效应也出现在发展中国家：1994～1998 年，肯尼亚 6～8 岁农村儿童的分数增加了 11 分，这让人怀疑智商测试的稳定性，也与智商测试体现先天智力的观念不符——基因的变化不可能这么快。

目前，多数心理学家将此解释为随着社会进步、教育和营养水平提高，影响了抽象能力的发展，而对于弗林效应本身引起的智商测试有效性讨论，则莫衷一是。

中国人的智商

尽管多数中国人 20 世纪 80 年代以后才接触智商概念，但智力测试方法早在 1917 年就传入中国。1917 年《京师教育报》上，翻译了日本学者佐藤礼云关于比奈－西蒙智力测试的介绍文章，并附上部分测试题目。当时智力测试的介绍以翻译为主。中国最早的智力测验尝试，是 1918 年瓦尔克特用斯坦福－比奈智力量表测验清华的学生。两年后，南京高等师范开设心理测验课程，正规的智商测验出现。随后，比奈量表、美国陆军智商测试表等被翻译过来，在 20 年代风靡一时，报纸杂志经常出现"智力小测验"的题目。

很快，中国部分学校也各自开始智力测试。1921 年，安徽第二师范附属小学对学生进行了智力测试，试题选自比奈－西蒙测试表。1926 年，厦门集美学校对女小学部的一次智力测验，并将结果发布在《集美周刊》上。此时的智商测试只是在一些学校出现，分布很散。报刊上虽然时常出些智力小测验，但正规的智商测试远没有普及。1931 年，中国测验学会成立，一项主要任务就是协调各地的智商测试。

信级学生智力测验成绩表

六年级上学期

学生号数	学生姓名	T分数（智力聪明数）	B分数（智力聪明数）	C分数（智力分组数）
1	徐玉英	50	41	5.9
2	宋翠琴	49	36	5.7
3	叶翠英	47	33	5.4
4	陈爱英	45	43	5
5	张巳凤	45	32	5
6	赵玉蕙	45	38	5
7	陈乖巧	44	37	4.8
8	朱元楷	43	22	4.6
9	陈石花	42	29	4.5
10	苏淑静	42	33	4.5
11	陈双花	40	35	4.1

T分数为特曼（斯坦福－比奈）测试，B分数为比奈－西蒙测试。

（参见《集美周刊》）

但这种势头受到战乱和其他因素影响，很快被打断。高考恢复后，为研究中国科大等"少年班"的神童现象，学界重启了智商测验。20世纪80年代初，韦氏成人智力量表和斯坦福－比奈测验表的中国版制定出来，成规模的智商测试变为可能。

对民众来说，对智商的了解更多的来自大众传媒。20世纪80年代中期开始，报刊和电视上"智商"概念不断提及，人们将"智商"作为"智力"的同义词，用以表示"聪明""机智"。不过，中国人对智商测试始终不曾狂热过。智商被划定在160的爱因斯坦，在西方被视作天才，但更为中国人所熟悉的是爱迪生的名言"天才是百分之九十九的汗水加上百分之一的灵感"。而爱因斯坦一连做了三个小板凳的故事，也曾进入小学的教科书，以此告诉学生们力求完美、精益求精。

而情商概念一经传入中国，就迅速替代智商，成为解释成功者的最重要特质。虽然 20 世纪 80 年代以来，人口开始自由流动，但传统熟人社会中的背景和关系仍是当下的典型话语，人脉网络被视为改变命运的最主要途径。与西方国家不同，中国式的英雄主义不建立在超众的个人能力之上，而更强调个人为集体的服务。

人是天生的出轨动物吗

文｜王大可

　　20世纪70年代以来，越来越多原本被认为恪守一夫一妻制、忠于爱情的动物，被研究者扒出了出轨、偷情、私生子泛滥的劣迹。一夫一妻制存在自然基础吗？人也像动物一样，天生有出轨的冲动吗？

　　在相当长的一段历史时期里，鸟类曾是人们讴歌忠于爱情的对象。

　　20世纪60年代，著名的鸟类科学家大卫·拉克（David Lack）调查了超过9700种雀类，发现其中92%的物种都是一夫一妻制的。这一发现并不令人惊异。早在现代生物学初创期，达尔文等自然学家便发现，几乎所有

西方文化中，2月14日情人节的象征之一就是一对白鸽，因为据说所有鸟类都会在这一天挑选自己一生的爱人。

鸟类都会在繁殖季成双成对。他们推测，为了保育后代，鸟类必然会结成夫妻，而基于稳定性考虑，一夫一妻制是最有可能的。从此，忠贞的鸟儿成了生物学主流观点，也成为大众文化中忠于爱情的象征。

　　然而，这幅浪漫的自然图景，在 1975 年的一次实验后破灭了。这次实验里，科学家为每只红翼黑鸟的雌性安排了一只被切除输精管的雄性配偶，却意外发现 39 窝鸟蛋里有 27 窝孵出了小鸟。经过反复确认，输精管切除手术并无问题。那么解释只有一个——"隔壁老王"偷袭成功。这一发现在学界引起轩然大波，接下来的数十年中，给鸟儿"捉奸"成了动物学研究的一大热潮。20 世纪 90 年代，DNA 亲子鉴定技术的出现，最终证实了鸟类偷情（Extra-Pair copulation）的存在。纵然绝大部分雀形目鸟类维持着表面上的一夫一妻制，已经发现 86% 的物种都存在身体不诚实的现象，"私生子"比例可高达 11%。这一发现重挫了动物界中坚持一夫一妻制的势力。整个动物世界，一夫一妻本来就少得可怜，哺乳动物中更仅占 3%，而人类恰是其中之一。

一度被认为是一夫一妻制的白掌长臂猿，也被发现有"偷情"行为。

人类已然成了动物界的少数派。这不禁让人产生疑问，爱情忠贞、坚持一夫一妻的优势到底在哪儿？表面上一夫一妻的人类，是否也像鸟儿一样，有着天然的出轨可能性？

配偶忠诚靠暴力

自然界中，主要有四种繁殖模式：多妻多夫制（Polygyandry）、一夫多妻制（Polygyny）、一妻多夫制（Polyandry）和一夫一妻制（Monogamy）。一种生物选择何种繁殖模式，主要取决于两性的利益偏好和实际权力，这就需要先分析两性的利益诉求。

不论雌性还是雄性，愿望都是相通的：都希望配偶对自己绝对忠贞，但自己却能够随意挑选任意质量、数量的异性。对雄性而言，配偶忠贞能够最大程度保证后代是自己的孩子，同时，配偶数量越多，后代数量也越多。而对雌性来说，配偶忠贞才能垄断对方提供的物质补给。不过，理想是诱人的，现实却是残酷的。双方都想让对方从一而终，自己则都想拈花惹草，最终的解决办法只有两种：妥协或是暴力。

鸳鸯完全不如古人说的那么忠贞不渝

为了保证配偶的忠贞，雄性表现出暴力的屡见不鲜。比如果蝇精液里的性多肽，就可以显著降低雌性再次交配的欲望。而广大雌性面对可能出轨的配偶也绝不手软。例如有一种埋葬虫（Burying beetle），夫妻双方会共同保卫一具尸体，用于产卵和喂养后代。但偶尔它们会遇到巨大的、可供多个雌性产卵的尸体时，心痒痒的雄性会试图释放性外激素吸引新的异性，而雌性则会施以撕咬、踢打、戳腹，制止雄性出轨。最极端的一种情况是蜘蛛——在交配结束后，雌蜘蛛会在肉体上消灭雄性，杜绝配偶一切出轨可能性。

利益决定婚姻关系

然而，暴力对抗往往是杀敌一千自损八百。基于资源互换的妥协，才是动物界确定繁殖模式的主要方式。

雄性的筹码通常是物质，领地、食物；雌性的筹码则是生育权。由于卵子是稀缺资源，而雌性保有再交配的权力，故可以胁迫雄性多多付出。但如果要求过多，雄性又可能会转而追求其他的雌性。因此，性的主动权在谁手上，就决定了怎样的繁殖模式。雄性权力大于雌性时，就容易形成一夫多妻制社会；而雌性权力大于雄性时，则容易形成多夫制社会。

一夫多妻制在动物界中并不少见，雄性为雌性提供保护（防止其他雄性骚扰）和物质支持，雌性保证只跟这一个雄性生孩子。在性别比接近 1 的群体中，倘若一部分雄性拥有了几个老婆，必然会有一部分雄性没有老婆。极端情况下，可能发展为最强壮的雄性霸占了几乎所有雌性，其他雄性只能打一辈子光棍。

但多夫制在昆虫里依然很常见。研究表明，雌性昆虫并不精心挑选对象，而是遇到带食物求偶的雄性就交配一下，谁的精子跑得快谁赢。在许多

如海狮群体中，53% 的雄性一个后代也没有，86% 的雄性后代数量不超过 2 个，而领头雄性拥有高达 33 个后代。

昆虫中，交配行为可以刺激雌性产卵，雄性带来的食物也可以提高雌性生殖力。另外，雌性昆虫一次动辄生几百上千个后代，绝大部分在性成熟之前就死了，它们需要的不仅仅是质量上乘的精子，还需要基因多样性以应对不同的环境挑战。这个时代的好基因，换了一个时代就未必。假设一个雌性昆虫跟一个有抗杀虫剂基因、跑得快、能忍饥挨饿又脑子好使的雄性交配，在遭遇杀虫剂、捕食者、食物短缺、环境变化时，总有一部分后代能活下来。相反，如果它只和其中一个交配，那么遭遇其他三种恶劣情况时就全军覆没了。

在物质匮乏的时期或地区，物质资源显得尤其重要，雌性对雄性的依赖会大大增加，雄性在博弈中的筹码增加，享有择偶的主动权。而食物充足的时候，雌性因为生育代价高，卵子成为稀缺资源，择偶时就会挑剔起来。这和人类社会是同一个道理，可以独自负担生活的大龄单身女性不需要降低对配偶的要求，也可以好好地生活下去。

一夫一妻制好在哪里

那么，一夫一妻制又是源于哪种情况呢？从博弈妥协的角度来说，一夫一妻要求双方达成一种艰难的平衡。只有当双方筹码大致相当，雄性和雌性在交配后，才会共同承担繁育后代的使命。如果考虑一夫多妻制的弊端，一夫一妻的潜在优势就显而易见了。这一弊端主要就是激烈的同性竞争。

一夫多妻制里的雄性，往往要面临极为险恶的竞争。如果顶层雄性霸占了太多雌性，中下层雄性被迫单身，他们就可能会联合起来推翻顶层雄性的统治，顺便谋取繁殖的可能性。对雌性而言，如果她们全部去争夺最优质的一些雄性，固然可以争取到少量的精子（有些时候甚至精子匮乏到无法完全受精），却很难得到配偶抚养后代的帮助。社会中单身雄性过多，雌性遭遇性骚扰的概率也会增大。故雌性之间降低竞争，择偶标准多样化，可以充分开发并瓜分雄性生产力。还有一种传统的观点，认为一夫一妻制可以确保父母投入更多精力抚养后代。但相关研究尚不能说清，到底是为了后代才一夫一妻制，还是因为其他原因形成一夫一妻制之后，才导致育儿投资增加。

纵然一夫一妻制有优点，它致命的缺点是极大地弱化了性选择。性选择倾向于让那些更优秀的个体产生更多更好的后代。对那些富有魅力的雄性而言，他们本可以拥有更多配偶和后代，一夫一妻制无异于晴天霹雳。于是出轨偷情就产生了。那些配偶质量不高的雌性，也一样乐于出轨——如果能和质量高的雄性交配，再让自己的配偶抚养孩子，显然也是赚到的。不过偷情一旦被发现，后果很严重：如果遭到配偶抛弃，雌性很可能无力独自抚养后代。

但是，为什么这么多的雌性动物，甚至包括表面一夫一妻的鸟类在内，还是要出轨呢？

人是天生就会出轨动物吗

有研究认为，雌性出轨利大于弊，质量不高的雄性即使发现配偶出轨，由于难以在"离婚"后找到同等质量或更好质量的雌性，不会轻易提分手。如果雌性配偶不孕不育，出轨还可以提高受孕概率。在杀婴（Infanticide）盛行的物种内，雌性会同时保持多个性伴侣，以防止"再嫁"后的新配偶杀掉自己的孩子。此外，由于基因多效性（同一套基因有多种作用），多情的雌性可能会有更好的生育力。不过，也有研究认为，雌性出轨对自己没好处，只因为她和雄性共用了一套情感基因，她的父亲、后代、兄弟都可以从中获得好处，家族中的雌性默默"牺牲小我，成全大我"。

那么，作为动物的一员，人类又使用何种繁殖策略？是否也天然具有出轨的可能性？

判断生物的繁殖模式标准之一是两性差异。在一夫多妻制生物中，雄性之间要激烈争夺配偶，雌性则无此需求，因此两性差异会进化得越来越大。而严格的一夫一妻制生物几乎没有两性差异。男人和女人从身体构造到外貌都有显著差异，因此，很难说人类是生物学意义上严格的一夫一妻制生物。除了两性差异，另一种判断标准是睾丸和大脑大小的比值。在雌性和多个雄性交配的物种中，雄

一对白头海雕。白头海雕通常被认为是一夫一妻制，不过当伴侣意外身亡后，它们并不会从一而终。

性为了提高当父亲的概率，往往会进化出更大的睾丸，产生更多的精子。而在一夫一妻制和一夫多妻制生物中，雄性不需竞争，可以最大限度降低精子产量。就此而言，人类睾丸与大脑的比值，介于一夫一妻制的长臂猿和滥交成性的黑猩猩之间。黑猩猩睾丸大小超过大脑 1/3，而人类睾丸大小只占大脑 3%，因此可以推测，人类的天性，还是更亲近一夫一妻的。

如今，一夫一妻制是人类社会的绝对主流。但另一方面，根据澳大利亚研究人员对 194 名女性和 222 名男性的一项调查发现，22.2% 的女性和 27.9% 的男性都出轨过。

一段完全安全的爱情关系是不存在的。人们之所以歌颂某个东西，往往是因为缺乏。

参考文献

[1]Davi Lack, Ecological adaptations for breeding in bird, Methuen, London, 1968

[2]Olin E.Bray, James J.Kennelly, Joseph L.Guarino, Fertility of eggs produced on territories of vasectomized red-winged blackbirds, The Wilson Bulletin, 1975

[3]Griffith, S.C., I.P.F.Owens, and K.A.Thuman, Extra pair paternity in birds: a review of interspecific variation and adaptive function, Molecular Ecology, 2002

[4]Hosken, D.J., et al., Monogamy and the battle of the sexes, Annual review of entomology, 2009

[5]Eggert, A.-K.and S.K.Sakaluk, Female-coerced monogamy in burying beetles, Behavioral Ecology and Sociobiology, 1995

[6]Zimmer, C.and D.J.Emlen, Evolution: Making sense of life,

Macmillan Higher Education, 2015

[7]Simmons, L.W., The evolution of polyandry: sperm competition, sperm selection, and offspring viability, Annu.Rev.Ecol. Evol.Syst., 2005

[8]Gwynne, D.T.and L.W.Simmons, Experimental reversal of courtship roles in an insect, Nature, 1990

[9]Forstmeier, W., et al., Female extra-pair mating: adaptation or genetic constraint? Trends in ecology&evolution, 2014

[10]Dixson, A., Primate sexuality, Wiley Online Library, 1998

[11]Simmons, L.W., et al., Human sperm competition: testis size, sperm production and rates of extrapair copulations, Animal Behaviour, 2004

为什么男人的牙齿比女人差

文 | 黄章晋

在中国只有一个非常显著的现象——中国男性普遍对牙齿的形象不太在乎，而女性则不然，为什么会出现这种差异呢？

我有位朋友是开牙科诊所的，他在业内很有名。每天，他把一半的时间都花在培训牙科医生上。因为早年海外留学以及经常与美国同行交流，他早就有了一套一眼判断出一个人的牙齿属于社会哪个阶层的经验，不过，这只是针对美国人而言。

他试图在中国人身上发现类似的规律，遗憾的是，他并没有发现社会阶层与牙齿之间的关系。在中国只有一个非常显著的现象——中国男性普遍对牙齿的形象不太在乎，甚至很多男性影视明星也是如此。

其实，这一点，我相信大多数人都注意到了，而且无须仔细想，大家就能给出一个非常重要的答案：吸烟。不错，吸烟可能是对牙齿外观损害最严重的陋习，中国烟民比例奇高，且多为男性。

但是，中国男性和女性在牙齿形象上的巨大差异，远非吸烟与否的结果。作为业内人士，他看到的并不仅仅是牙齿上残留的烟渍，或是抽烟对牙龈的严重损伤之类，口腔卫生习惯上也存在明显的性别差异。

所以，中国男性为什么对牙齿形象不太在乎的问题，大致可以等同于为什么中国男人对形象不在乎。

我以前在《怎样才能穿得像个人物》文章里提到，在穿着打扮上，中国与西方国家刚好是反着来的：在西方社会，如果一个人的社会地位越高，在穿着上的自我约束和讲究就越多，一举一动都得绷着，甚至是到了给自己

"找罪受"的程度；在中国则刚好相反，社会地位高的人，在穿着上却很随意。很多时候，一个人在服饰上体现出来的随意和舒适程度，反映的是其身份和地位。

不过，写到这里，我才发现我犯了一个严重错误：我只注意到了中国男性，反而忽略了中国的女性。社会地位高，往往意味着在外在形象的要求上有一定的"豁免权"，但这只是对中国男性而言，女性却完全不是这样。社会地位越高的女性，在穿着上就越不能随意。

如果把牙齿视为仪表形象的一部分，中国男性比女性在这方面普遍不讲究，就实在是没什么可奇怪的。

在形象仪表上，几乎全世界都是女性比男性更在乎。这种差异是人类漫长进化过程中形成的，甚至深入到基因里。但是，男性和女性的行为偏好和差异，确实有一些是后天形成的。比如，在北欧一些国家，女性在仪表形象上要比美国人朴素得多，对追逐性感的热情也大大低于美国人。

提升个人的仪表形象，显然是一件需要耗费时间和金钱的事。对女性来说，对仪表形象的投入，总是能带来正面效用，它的边际效益递减的特征并不明显；对男性来说，对仪表形象的投入正面效用很低，或者说边际效益递减得很明显。

这种局面，显然是受到中国社会地位影响的结果。也就是说，女性对男性的审美要求，远不足以改变男性在仪表形象上的投入产出比，也可以说是中国男性缺乏改善自身仪表形象的动力。由此可以得出这样一个近似的结论：相对而言，中国男性对自己的性魅力大多不依赖于仪表形象。

并且，中国男性的这种自信并不只是体现在对女性的吸引力上，同样也体现为对同类的心理优势——我只要比你成功，你的年轻、健康、俊美之类的就不值一提，而且我越是不在意仪表形象，越能展现我的社会地位。

反过来，对中国女性而言，她们在社会中所面临的选择和竞争压力，会使她们为了改善仪表形象，比欧美国家的女性更舍得投入——尤其是在外貌上。

也就是说，在中国，某种程度上，男性的魅力来自金钱和地位，而女性的魅力则是年轻和貌美。两者是互相成就的。因此，中国男性才普遍不重视仪表形象，更不在乎牙齿的形象，即使是需要频繁在镜头前出现的演员也是如此。当然，这种男性演员通常会被称为"实力派"，因为他们是不靠脸吃饭的，也不认同那些靠脸吃饭的"小鲜肉"。

然而，仅仅把男性和女性在仪表形象上的关注程度之别，全部归结为两性在社会中的地位，我们就会发现这样一个现象：日本和韩国都鲜明地保留着男性地位明显高于女性的文化传统。但是，在这些社会，男性在形象仪表上要远比中国男性更讲究也更精致。

是的，我们甚至能明显看出周围人对男性形象有着明显不同的审美偏好，比如，日本娱乐明星并不追求高大挺拔身材健硕，所以，日本男星一般都身材单薄；而韩国人则把高大挺拔健硕的身材当成了标配。但是，日本、韩国确有一个与中国区别很明显的特征，就是都要求男性在穿着打扮上一定要讲究。

说实话，中国男性对仪表形象的不那么讲究，很大程度上是因为疏于自我管理和建设，但这恰是中国人共同的特性，只不过是女性比男性重视些，而且越是年轻女性就越是如此。

这种整体上的文化特征，就不是性别权力的框架可以解释的了，这得从中国大陆历史方面去找原因。

没错，中国男性确实不太在乎形象仪表的管理建设，但不意味着他们完全不重视，而是审美标准确实存在时代落差。比如，肥胖在女性的形象管理中天然就靠前，但在男性中，大多超重，健康和身材管理是最近几年才出现的，尚未上升为集体的审美压力。

至于牙齿的问题，就是一个更晚被注意到的形象管理类别。在审美上对牙齿的重视起来是美国人率先建立的，即使是在欧洲国家或者日本，牙齿问题首先考虑健康，其次才是审美。

在中国，牙齿的好坏，除了生活习惯因素外，还有强烈的地域特征和年代特征。比如水质不好的地方，当地人都是一口烂牙。并且在四环素对牙齿强烈的副作用被发现之前，它在很多地方造就了大批四环素牙。另外，在特定情况下，四环素牙也具备阶层识别性，在药物极端匮乏的年代，只有领导阶层和医生才有机会用到四环素类抗生素。

现今，网上有不少讨伐"直男癌"、讨伐中年男人的帖子，大多数男性看到都会不舒服，但如果你是个牙医，或许就会认为这是一件值得庆幸的事，因为这会在无形中增大中国男性改善仪表形象的压力。对那些打算做出改变的人来说，改善牙齿的形象是件越来越重要了。

世相

向左走，向右走

文 | 杜修琪

对于中国大陆的人来说，"右侧通行，注意安全"是习以为常的准则。不过，并不是所有地方都如此。世界上 35% 的人口和 10% 的道路处于左向规定之下，如英国、日本。那么靠左和靠右又是如何形成的呢？

香港、澳门与北京的交通规则差别有多大？开车的人肯定深有体会。香港和澳门一样，车辆靠左侧行驶，驾驶员座位安排在车右侧，都与北京相反，因此十分考验跨越边界后驾驶员的调整能力——坐在左侧的驾驶位置，驶入右行的道路。不过，最考验左右行转换的并不是香港。驾车穿越非洲南部才最刺激——从左行的纳米比亚，来到靠右行驶的安哥拉，平稳穿过靠右行驶的刚果（金），又进入左行的乌干达，跨过肯尼亚—索马里边境后再右行，在索马里拉萨诺德以北又要转向左侧。一趟下来，足以让经验丰富的驾驶员发疯——调整通行方向要花很大精力。

那么，为什么有的国家和地区向左，有的向右呢？这是由不同文化的特点决定的吗？

为了防身，请靠左通行

实际上，古代的马车、行人往往没有左右行的标准，即使有，也往往与现在相反。多数地区的道路通行方向都是在 20 世纪确定的。很大程度上，英国和欧洲大陆的差异，决定了世界道路的左右之分。从留下的车辙来看，至少古罗马时期，欧洲大陆的道路是靠左通行。当时，道路上远没有现在拥挤，人们遇到的最大麻烦不是车祸、堵车，而是抢劫。一种解释称，在右侧行走，更方便右手拔刀、搏斗，因此人们逐渐形成了靠左走的习惯。可是这种解释只适合行人，若是骑士则可能相反——左手持盾，右手持矛，常常保持在对方的右手边。而且难免夸大了武器的影响，毕竟，避免抢劫、攻击只是一部分原因，多数的安全路段仍以运输为主。更合理的解释可能是骑马。多数人惯用右手，他们上马也需要先踩左侧脚蹬，再翻身上去。在汽车出现之前，马匹无疑是交通最重要的工具，因此影响了当时人们对通行方向的选择。

2012 年，美国得克萨斯州文艺复兴节。骑士表演者左盾右矛，全副武装。

但是古代道路的拥挤程度远不如今天，多数情况下不需要规定通行方向。中国也是一样，唐太宗颁发的《仪制令》中有最早的对交通规则的规定："凡行路巷街，贱避贵，少避老，轻避重，去避来"，主要强调儒家"礼"，具体到靠哪个方向行走并不重要。不过，中国古代进城楼时，有确定的方向——靠左。《隋唐嘉话》载："城门入由左，出由右，皆周法也。"驿道的"堠子"（里程界碑）也多靠左设置，与今天正好相反。

而欧洲则在 18 世纪中后期出现了差异，1756 年，英国第一次规定在伦敦桥需靠左通行，马车增多后，又在 1773 年、1835 年两次以法案形式确立全国的通行方向——靠左。而多数欧陆国家与此相反。1752 年，俄罗斯女皇伊莉莎白下令全国靠右通行，法国也在大革命之后改为向右，但他们的理由比较独特：为了与之前的传统一刀两断。他们认为，之前多数靠左通行是方便向贵族请安，法国大革命之后万象更新，道路通行规范上自然也要改变。

势力扩张与左右之争

19世纪时欧陆的多数国家已完成"右转"——最迟的是西班牙和葡萄牙，直到20世纪30年代左右才统一靠右。一些国家还在国内出现混杂现象，如1899年前的比利时，部分城市向左，部分向右。右转趋势离不开扩张势力的推动。尤其是拿破仑，征服欧洲期间，拿破仑每到一处就强硬地推行法国规范，当然也包括通行方向。同样，德国的扩张也让波西米亚等地区统一靠右行驶。而英国仍旧保持靠左行驶——毕竟，这个岛国远离欧陆征伐，可以保持古老的社会规范。也避免了汽车普及后，大陆内统一行驶方向的趋势。现在除了英国之外，欧洲仍旧保持左行的国家有：塞浦路斯、爱尔兰、马耳他——都是岛国。

扩张的影响还体现在世界范围殖民地的通行方向。英国本土虽小，其殖民地却在19世纪遍布全球，这些地区自然遵循了英国的标准。而法国、德国等欧陆势力范围则多靠右通行。当时的规范主要针对马车，20世纪后，汽车逐渐普及，仍延续了这些交通规则。

随后，殖民地不断独立，其中一部分仍继承原有制度，也有少数国家出于政治原因，采用了相反的方式。美国就是改制的最有影响力的例子。独立战争之前，北美13个殖民地多是靠左行驶。独立后，一方面希望与英国有所区分，另一方面法国在独立战争期间给予美国巨大帮助，其思想、文化对美国影响颇深。1792年，宾夕法尼亚州最先通过了右行方案，1804年、1813年，纽约州和新泽西州也通过类似法令，右行逐渐在美国普及。同属于北美的加拿大则较为复杂——法语区和英语区习俗、规则都有差异。经过多次讨论、协商，1923年后也向右转了。当然，更多的地区保留了原有规则，比如曾受殖民统治的香港。

另一些则在政权交接后维持原样，如澳门。1928年，葡萄牙转为右行，澳门却依然左行。日本也是靠左通行，但它并不是殖民地，历史上，武士们靠左通行以方便拔剑固然有影响，更重要的是1870年左右颁布的马车通行法案规定左侧行驶。之后又从英国引入铁路交通规范，造成了靠左行驶的惯例。不过，冲绳在被美国占领期间奉行的是靠右行的美国标准，1978年才改回来。"二战"期间，中国战场上敌占区一度也规定左行，如中国东北地区等。汽车业的崛起，使其他国家或地区受到了日本另一种形式的影响——由于阿富汗、缅甸、俄罗斯远东等右行地区大量进口日本二手车，却使用驾驶室在右侧的左行车辆。

中国的右行

中国大陆的右向行车规则在1946年之后形成。在此之前，一度出现"南方向左，北方向右"的局面。

19世纪后期，西方各国的势力进入中国。德、法、俄等国主要占领北方，南方则是英国势力占领。因此，南北方的租界各自制定了交通规则。

最早有关通行方向的告示出现在1872年，由上海租界工部局

20世纪20年代的上海街头，车辆统一靠左行驶

发布，多次刊登在《申报》上："凡马车及轿子必须于路上左边行走，右边超过。"

民国建立后，尤其是北伐战争之后，国民政府形式上统一全国。1934年12月，国民政府颁布《陆上交通管理规则》，规定全国车辆靠左行驶，结束了左右混行的局面。

但抗战后期出现了新的情况——越来越多美国援助的汽车进入中国，因此，许多地区出于实际考虑，转而适应美国车辆的右行。

这让国民政府考虑调整行驶方向的必要性。主要为了节省恢复左行的改装费用、减少美军肇事。

《申报》做了一份估计："向国外购入车辆，其驶向多须改装，而改装费须达车价百分之十二。统计全国车辆因改装而支出之费用，殊为浩大……"

至于肇事，当时，上海、天津、成都、重庆等城市都驻扎了一定量的美军，确实出现了不少事故。据统计，"1945年9月1日至12月31日，美军车辆在上海市区肇事共68起，伤54人，死18人"。

当然，这些肇事并不都是由于驾驶方向有别，美军酒驾也是原因之一。但当时的舆论矛头普遍对准了混乱的通行规则。

不过，由于日本投降，原计划于10月实施的改制推迟到了1946年1月1日。为此，各地竭力宣传新政。

重庆专门举办了演习来宣传靠右通行。1945年12月31日下午二时至四时，政府在小什字至都邮街一带试行演习，有警察维持秩序，据报道参加的车辆一律靠右行驶，"成绩斐然"。（见安徽大学学报《抗战胜利后我国公路交通规则的重大改革——车辆靠左行驶改为靠右行驶60年》）

天津则规定施行新政后的一周为"宣传管理周"，之前的12月23日，还在全市各娱乐场所巡回演讲，27日又给人力车做训话等。成都也很重视娱乐场所，政府决定，新规实行前3日，在繁华地段印刷标语，同时在电影院映放交通广告，并在街头演讲。

上海自然是改制的重点城市。当时，上海登记汽车 12 万余辆，居全国第一，但其来源复杂，统一向右行有难度。当地报纸连续刊登头条宣传通告，12 月 31 日，市政府大礼堂举办招待会，市长、副市长、公安局长、警察局出席，再次通告改革方案。

但是，上海的施行时间比全国规定慢了 6 个小时——全国公路都在 1 月 1 日 0 时更改，只有上海是清晨 6 点。其理由具有十足的个性：

"兹以是晚适为大除夕，各界狂欢庆祝中，未便骤然改变，故决定元旦日晨六时正起实施。"

不过，虽然晚了 6 个小时，上海的排场却很了不得。当天清晨 6 点，12 万多辆汽车鸣笛足有 2 分钟，才全部转为右行。

于是，右行的规范就此在大陆统一，1949 年后也延续了这一方式，直到今天。

意大利军队为什么弱

文 | 叶鹤洲

近代意大利为何鲜有军事成就？与德国、日本同为法西斯政权，意大利为何在"二战"中沦为笑柄？

在世界人民的历史认知里，意大利军队长期处于"能打"歧视链的底端。中文网络广泛流传着嘲笑意大利军队的段子；日本出产的"二战"国家拟人动漫《黑塔利亚》（*Axis powers* ヘタリア）将主角意大利塑造为喜爱艺术和美食、但毫无战斗力的乐观废柴；英国网站"没品笑话百科"上排名靠前的意大利笑话则写道：

意大利的军旗长什么样？

答：绣着白色十字架的白旗。

这一印象无疑出自意大利的"二战"征战史。1940 年 6 月，意大利在法国战败前夕对法国宣战，但始终未能突破法军偏师的防线；同年 9 月，意大利入侵埃及，两个月后就被 3.6 万英军的反攻击溃，超过 13 万人投降；1940 年 10 月，意大利从阿尔巴尼亚入侵希腊，不到一个月又被打回阿尔巴尼亚境内。每到危急关头，意大利只得向德军求援，而德军的出色表现更强化了两国军队的悬殊对比。回顾整个意大利历史，其军事成就也的确寥寥无几：1866 年，意军在库斯托扎会战中败于奥地利，其新锐海军也在利萨海战中战败；1896 年，进攻埃塞俄比亚的意大利远征军在阿杜瓦战役中覆灭，创下了欧洲国家对非洲国家停战赔款的纪录；1899 年，意大利强占浙江三门湾失败，竟成了清政府成功捍卫主权的范例；1915 年，意大利趁俄国击败奥军之际对奥宣战，结果却没能占到便宜，反而在卡波雷托战役被德奥联军打得惨败，最后靠奥匈帝国的内部崩溃才勉强取胜。

意大利人真的是天生不善战的民族吗？

一个曲折国家的诞生

事实上，是否存在一个"意大利"民族，本身就是意大利作为现代民族国家面临的最严峻的问题。罗马帝国覆灭后，亚平宁半岛经历了长达 1500 年的分裂，长期以威尼斯、热那亚等独立城邦闻名于世。所谓的意大利复兴运动，起初只是在分裂格局下反对外国控制，追求自由主义的政治思潮。随着零星的暴动一再被奥地利、法国剿灭，半岛上的政治领袖这才达成共识：能捍卫革命成果的，只有统一的意大利。

19 世纪 50 年代，最热衷于实现统一的政权是半岛西北部、实行君主立宪制的皮埃蒙特－撒丁王国。在贵族自由派首相加富尔的努力下，皮埃蒙特很快就成了统一派的大本营。不过，统一派内部始终存在分歧：以马志尼和加里波第为首的共和派希望建立一个超越城邦利益的意大利民族共和国，而以撒丁首相加富尔为首的君宪派则将征服意大利半岛视为撒丁王国的荣誉。意大利就这样在严重分歧中走向统一。1859 年，加富尔在法军帮助下收复了伦巴第；次年，又策动诸城邦与教皇国北部辖地公投并入撒丁王国，其代价是向法国割让了尼斯和萨伏伊。对此类勾当深为不齿的加里波第忽然率 1000 名志愿兵入侵西西里，承诺要带来一个共和国，奇迹般迅速颠覆了那不勒斯王国。但撒丁军队迅速开进教皇国，甚至邀请法军进驻罗马，与加里波第对峙。为了保全统一的意大利，加里波第最终让步。1861 年 3 月，加富尔理想的意大利王国宣告成立。

这样的统一并未如马志尼和加里波第理想的那样，带来一个崭新的民族国家。意大利王国与其说是一个现代民族国家，还不如说是一个撒丁王国的征服王朝。与后来新生的德国不同，意大利王国全盘继承了撒丁王国的旧制度，包括宪法、军队、议会甚至是国旗。作为开国国王的撒丁国王维托里奥·埃马努埃莱二世（Victor Emmanuel II）拒绝在新王国把"二世"改成"一世"，甚至反对将首都迁出旧撒丁王国边境。单方面的统一造成了严重的政治后果。在意大利南部，没受过教育的农民一听说撒丁国王变成了他们的国王，要实行新的兵役和纳税政策，就成了反抗新王国最顽固的势力。南意大利陷入了长达10年的内乱，政府以重兵镇压，双方死亡都超过2万人才基本平息。

意大利建国三杰（左起依次为）：以播撒思想著称的马志尼；以政治手腕著称的加富尔；以军事功绩著称的加里波第。

教皇国在意大利统一过程中丧失了大部分领土，但罗马教皇的声望却远高于新晋的意大利国王，他煽动民众拒绝参与新政府的任何投票。结果，新王国的议会和政府仍只能代表原撒丁王国的中产阶级的狭隘利益，被一小撮政治精英牢牢把持，进一步恶化了国家认同问题。正因如此，新兴的意大利自一开始就受制于陈腐的制度，面临着严峻的政治危机。马志尼不禁哀叹道："我要的是一个年轻的意大利，你们却带来了一具木乃伊。"

意大利王国国旗（撒丁王国原国旗）由法国大革命时期北意大利共和国的三色旗加上萨伏伊王室的徽章组成。在 1860 年前，教皇国和那不勒斯王国从未接受过绿白红三色旗。1946 年，意大利改为共和国，王室徽章被撤除。

　　年轻的意大利军队不幸正是这具"木乃伊"的一部分。意大利王家陆军的制度与文化全盘沿袭自旧撒丁军，海陆军高级将领的岗位由保守无能的撒丁贵族子弟垄断；大规模扩军和新安插进来的外邦军官则使指挥结构变得极为混乱，出身不同地区的军官和官兵间隔阂极深，使其战术能力相当差劲。由此便不难理解，同样是由意大利人组成的军队，意大利正规军的战绩与战斗力，与加里波第按照共和国理想而召集组建的志愿军相比会有如此大的差别。如，1872 年成立的阿尔卑斯山地部队（Alpini）是意大利陆军最精锐的部队，然而大部分只是"掩护友军撤退"之类的战绩。

"以战促统"的连锁效应

　　民族国家构建的失败是意大利军事悲剧史的原动力。但意大利军队在 1866～1918 年一系列丢人表现的主要原因不止于此——为了弥补意大利民族认同不足的问题，意大利煞费苦心地走上了邪路。王国政府最初想用铁路加强国内各地间的联系，但意大利此时的工业能力并不允许大规模建设。于是，意大利选择了另一条危险的道路：他们希望以天生不足的军队为工具，用对外战争挑起民众的国家意识，强化民族认同。1866 年的意奥战争是用战争塑造民族的第一次尝试，甚至被称为"第三次意大利独立战争"。国王维托里奥·埃马努埃莱二世亲率皇家大军，加里波第率领志愿军偏师，希望塑造全国上下同心协力收复故土的形象。然而，国王亲率的 12 万意军却因指挥混乱，在库斯托扎会战中败于 7.5 万奥军之手；加里波第却接连取胜。不甘折了脸面的国王随即派出尚未完成备战的皇家海军，又在利萨海战中被奥军击败。

弗朗西斯科·克里斯皮，1887～1891 年、1893～1896 年两度出任意大利首相。尽管出生于西西里，却是最激进的意大利爱国主义和扩张主义者之一。

　　尽管这两场败仗并不严重，意大利还在谈判桌上收回了威尼托，王家军队的战败还是引发了一场宪法危机。依照继承自撒丁王国的宪法，国王独享军事指挥权，但反过来说，也要承担作战失利的全部责任。王室是这个脆弱国家的主权象征，其声誉直接关乎国体。为了保卫主权形象，意大利国王同意退居幕后，不再参与具体军事决策。但在国王退场后，新的军事决策机制却没能建立起来。依照宪法，王家军队为君主所有，文官系统不敢结交军队将领，以防背上"悖逆"恶名。结果，文官主掌的内政外交与军人主掌的军事逐渐开始脱节。混乱的制度很快带来了恶果。

19 世纪 80 年代，意大利首相克里斯皮把"以战促统"的舞台摆到了非洲，开始在东非建立殖民地。1896 年初，意大利远征军与一支埃塞俄比亚军队在阿杜瓦对峙。此时，意大利王室恰巧卷入一场银行丑闻，克里斯皮担心对王室声誉的打击将危及国体，电令前线发动进攻，想用一场胜利化解舆论压力。然而，没有一位军人告知首相前线的真实状况或提供参谋建议。近 1.8 万意军随即陷入 12 万敌军的重围中，几乎全军覆没。

埃塞俄比亚战争后，意大利政治与军事间的致命脱节仍没有丝毫改进。正因如此，清政府才敢在 1899 年三门湾事件中表现得异常强硬：尽管意大利已经拥有世界第三的强大海军，但其外交与军事的配合却无比拙劣，根本不值得担心。类似的情况还发生在第一次世界大战中。1914 年"一战"爆发后，自知无力参战的意大利内阁决定保持中立，陆军参谋长却同时向国王递交了一份联德抗法的作战计划且得到了批准，差点真的执行。随着奥匈帝国接连被俄国击败，收复失地、"以战促统"的声浪再次高涨起来。到 1915 年 5 月 2 日，这位参谋长忽然发现，外交部已经在 4 月 26 日瞒着他与英法达成协议，约定在 5 月 26 日对奥匈帝国宣战。不仅如此，"一战"期间的军工生产直至 1917 年惨败后才步入正轨。这种让自家人比敌人还摸不着头脑的政治配合，自然很难带来任何胜利。

让意大利政治精英更感汗颜的是，长期实行的"以战促统"政策最终以一种荒诞的方式收到了奇效。由于战后因偿还巨额外债引发的通货膨胀，左翼的社会党在 1919 年议会选举中成为第一大党。在俄国革命刺激下，社会党高呼无产阶级专政口号，要求实行土地集体化，很快就把南方农民、北方有产者、天主教徒和国王逼得团结到了一起。社会党在战争期间专事反战罢工，更使得为国卖命的军人愤怒无比。在各方合力下，左派运动遭到镇压，软弱的自由派政府黯然下台。意大利迎来了一位民族主义的集权首相——贝尼托·墨索里尼。只可惜，这位民族主义的首相并未给意大利军队带来多少改观。

来自法西斯的最后一击

在法西斯党上台前，意大利王国的军队虽然表现拙劣，但也不算离奇。意大利的军费远逊于英、法、德、奥等欧陆大国，尽管危机不断，总算熬赢了"一战"。在墨索里尼执政时期，意大利的军费已赶上了一流强国。在 1926～1940 年，意大利的总军费达到了英国的 80%，法国的 97%。在 1935～1939 年的主要备战期，意大利的军费达到了英国的 90%，甚至比法国多出 23%。而在 1940 年，意大利的国家财政收入仅为英国的 24%，法国的 42%。两相对比，不难看出法西斯对军事的巨大投入，却也凸显了意军在"二战"中的异常低能。

为什么意大利要耗费巨额的军费呢？

墨索里尼提出"恢复罗马帝国"的宏伟蓝图，既是以民族主义弥合社会矛盾的故技，也是用收买军队巩固一党专政的手段。依照宪法，意大利军队属于国王，军内有深厚的忠君传统，是唯一有实力颠覆法西斯政权的势力。墨索里尼采用"胡萝卜加大棒"的策略驾驭军队：用高额军费满足军方需要，收买大部分军人，再打击少数反对派，在军中培植亲信。这样的做法无疑会带来意想不到的副作用——在法西斯的渗透和收买下，意大利军队几乎成为世界上最为腐败的军事组织。1928 年，乌戈·卡瓦莱罗（Ugo Cavallero）将军出任安莎尔多兵工厂的经理。他在任期间，该厂出现了用普通钢板顶替巡洋舰的装甲特种钢、挑选炮弹应付军方抽查等丑闻。但所有丑闻都被法西斯遮掩，他的仕途一路畅通，并在 1941 年出任意军总参谋长。陆军的主要训练科目仅是长途行军，年度演习都是事先安排的表演，士兵的肉食常遭克扣，法西斯党也根本无意纠正这些痼疾。

此外，墨索里尼还曾发动"小麦生产战役"，将牧场改为麦田，结果肉

墨索里尼
政府首脑、作战部队最高指挥官、法西斯党首

最高总参谋部
参谋长

（墨索里尼）
陆军部长

（墨索里尼）
海军部长

（墨索里尼）
空军部长

陆军次长

副参谋长

← 兼任 →

法西斯民兵
参谋长

（直属法西斯党首）

陆军参谋长

海军次长
海军参谋长

空军次长
空军参谋长

指挥关系 ——
建议关系 - - - -

陆军部队　　　海军部队　　　空军部队

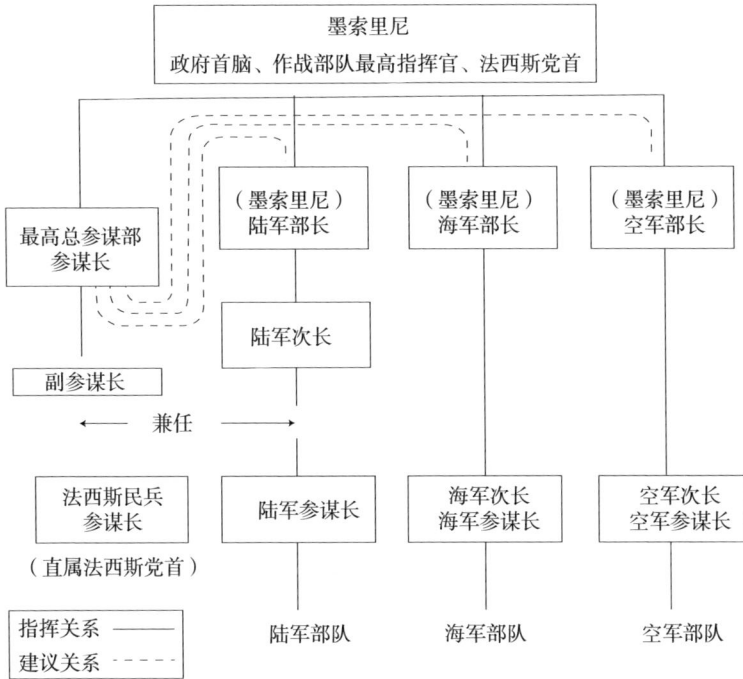

墨索里尼时期的意大利军事决策机制。其中最高总参谋部并无实权，员额极少；实际决策由墨索里尼本人和三军参谋部分头完成，协调极差。总参谋部到1941年底才获得实权，但主要功能只是贯彻德军的要求而已。

类产量极速降低。墨索里尼认为这不是问题，因为"两千万国民明智地养成了不吃肉的习惯"。但1939年的调查显示，四分之一的青年因营养不良而不适合参军。

军队党派化严重阻碍了正常的军事发展。意大利空军是"一战"后新成立的军种，没有陆军、海军的历史羁绊，很快成为法西斯党徒的自留地。正因如此，法西斯极端强调空军独立性，意大利的战机长期轻视配合陆军和海军作战。

意大利海军自20世纪20年代就计划建造航空母舰，却由于"空军垄

断所有飞机"的原则而迟迟得不到批准，空军甚至拒绝与海军联合建立鱼雷机部队，为日后被英国海军打得兵败如山倒埋下伏笔。1935 年，意军成立军需生产总部（CoGeFaG），试图协调军工生产。但海军成功把持了该部门，垄断了大部分资源和技术人员，沉重打击了陆、空军武器研发。但由于海军航空派被空军压制，海军也无法发挥出与投入相当的战斗力，新锐战舰被英国的双翼飞机打得叫苦不迭。同时，墨索里尼个人权欲膨胀，试图掌控指导一切的"美好愿望"远超其实际能力，给意大利军队带来了更严重的负面影响。1925 年起，墨索里尼长期兼任海军、陆军、空军部长，全面掌握三军的财政、行政和军事决策。他并不是能干的独裁者，常常看不到大堆文件中的重点；但他又拒绝成立有实权的总参谋部，严防任何军人的影响力高过自己。更糟糕的是，他并不在乎参谋部的专业意见，常常一意孤行。

1935～1939 年，陆军参谋部多次提出更新军备的建议。但执着于地中海梦想的墨索里尼却执意要征服埃塞俄比亚、干涉西班牙内战，将陆军军费的四分之三挪用于东非和西班牙，甚至给弗朗哥送去了一堆意军自己尚未装备的坦克、飞机。意大利陆军的战备情况因此遭受重挫。1939 年战争前夕，海陆军参谋部认为意军要到 1942 年后才能完成备战。而墨索里尼却在 1940 年 6 月忽然宣战，驱赶着各方面都准备不足的军队朝着法国、埃及、希腊四面出击，将数十万大军置于死地。

更加荒诞的是，由于总参谋部缺席，意大利在参战时所有作战计划都是由三军参谋部在毫无协同的情况下分头制定：海军只顾计划与法国舰队决战，根本没考虑给非洲的陆军护航；陆军则在未通知海军时计划袭击苏伊士运河。军种间的协作效率因此也极为低下：面对英军主力已经撤离的孤岛马耳他，意大利始终无法组织起有效的两栖进攻；地中海战役则多次出现海军呼叫空军支援，空军迟迟赶到，对己方军舰投下炸弹的情形。

其实，意大利人绝非没有赢得军事荣誉的机会。意大利士兵常常在营养不良、缺乏训练、后勤不足、武器落后、指挥混乱的极端艰苦的条件下投入战斗，只要其中某些问题得到改善，他们都能创造强得多的战绩。在许多基层自作主张的小规模的行动中，意军不乏亮眼的表现。在斯大林格勒战役抗击苏军强攻的意大利驻俄军团，表现也并不比德军逊色。然而，因先天不足、后天畸形，他们丧失了建功立业的时机。

神户人民不养牛

文 | 俞天任

世界最昂贵的牛肉来自日本神户，也许你还曾听过神户人养牛时给牛按摩、喝啤酒、听音乐的故事……

1978 年 8 月 23 日，NBA 球员乔·布莱恩特（Joe Bryant）的第三个孩子降生，这次是个男孩，也许仅仅是为了让儿子有个与众不同的名字，老布莱恩特用日本料理店中让他难以忘怀的一种食物——神户牛肉（Kobe Beef）为孩子起名。据说，今天 NBA 最伟大的球员科比·布莱恩特（Kobe Bryant）的名字就是这么来的。

这个说法相当合理。神户牛肉被美国媒体评为世界儿人最昂贵食品之一，一般神户牛肉每 100 克都要 100～200 美元，部位好的就更昂贵。不过如果科比真是因此得名，他实在太冤了。

和牛不等于日本牛

神户牛肉贵到这个程度，即使商家不营造种种神话，消费者自己也会自创一套出来。只是关于神户牛肉的各种传说中，神户牛、和牛、日本牛之类的概念被混为一谈。

先说和牛。日本的东西大多冠以"和"字，如日本式饮食叫"和食"、日本式点心叫"和果子"，大家最熟悉的是"和服"。一般来说，"和牛"是指黑毛和种、褐毛和种、日本短角种以及无角和种，这四种日本固有品种的牛。

如果按日本农林水产省的官方定义，"和牛"就又要更加狭窄一些，所谓"和牛"必须满足：①日本固有品种的肉牛；②在日本国内出生及饲养；③能通过追踪制度确认前两个条件的牛。而日本的"国产牛"则是"在日本国内饲养的牛"，对品种以及出生地没有任何要求。日本店里卖的牛肉有标着"和牛"的也有标着"国产牛"的，说明"和牛"和日本国产牛并不是一回事。国际上对"和牛"则是另一种理解方式——"和牛"就是"牛肉上有'雪花'花纹的牛"，系指在红色的肌肉组织中均匀地夹着白色的脂肪组织，整块肉看起来是粉红色的，像雪花，又像结了一层霜，在日语中叫"霜降牛肉"。

脂肪形成的花纹多少是和牛肉评级的一个重要依据。一般来说，牛肉中大理石状的脂肪含量达到 8% 即可为算顶级牛肉，而"和牛"以脂肪含量高闻名，顶级肉牛可达到 20% 以上。如此高脂肪含量的牛肉会味道特别香浓，入口即化。所以，更多时候"和牛"只是一个品种，今天世界各国市场标记"WAGYU（和牛）"字样的牛肉，大部分原产地并非日本，多为美国、澳大利亚、新西兰、巴西等国，而且不少和牛都附有很权威的血统证书。

全世界的和牛爱好者应该感谢武田正吾。20 年前，这位北海道人卖了 115 头和牛的种牛给美国。武田"不爱国"的行为当然遭到同行反对，最多时有 50 多人到武田家抗议，日本农协也再三请求他重新考虑。武田坚持向美

所谓"霜降"或者雪花神户牛肉

国出售种牛的理由无法反驳："日本在畜牧业上能超过别人的就只有肉牛一项，其余的奶牛是荷兰的荷尔斯泰因（Holstein）品种，猪是美国的杜洛克（Duroc）品种，鸡是意大利的来杭（Leghorn）品种……日本的畜产是托谁的福发展得这么好呢？除了和牛以外都是靠外国发展起来的。为什么日本就不能出口肉牛呢？"尤其是这句话让世界食客感动："我希望世界上能够吃到和牛肉的人越多越好，但如果只在日本国内养和牛，只会把和牛肉的价格维持在很高的价位上，没有多少人能吃得起"。1992～1998 年，还有另外两家日本公司向美国出口了 240 头种牛和 15000 支冷冻的和牛精液，但敢于堂堂正正辩护的就只有武田正吾，当然他也受到严厉惩罚——被全国和牛登录协会开除了。

和牛基因流出的后果是，确实全世界的人都有更多机会吃到和牛肉，但日本的和牛生产却变得很不景气。由于日本农业长期受政策保护，农牧业规模极小、效率低，同等品质的和牛，澳大利亚出产的价格甚至不到日本产的一半。

唯一未受影响的，是被塑造成顶级品牌的神户牛肉。

超级品牌是怎么诞生的

认真说来并不存在"神户牛"，虽然"神户牛"也是一个注册商标，但世上并无"神户牛"这样的品种，而且神户人不养牛。所谓"神户牛肉"是来自一种叫"但马牛"的牛，但马是神户边上的一个小地方，出产优良肉牛。神户牛其实是"神户肉流通推进协议会"制定的一种质量认证标准。达到霜降度 BMS（Beef Marbling Standard，雪花牛肉中脂肪混合度的一个标准，共分 12 级）6 级以上的牛肉，盖上"神户牛"的蓝色印章，于是它就成了著名的神户牛肉。神户牛本身也有挑选的标准：肥育 28～60 个月的未产雌牛或去势雄牛，肉质在 A 或者 B 以上，无瑕疵。雌牛净肉重量在 230～470 千克，雄牛净肉重量在 260～470 千克，每头选取肉量不能超过 400 千克，只在"神户肉流通推进协议会"认定的店铺出售。2015 年前，被选作神户牛肉的但马牛每年产量不到 4000 头，应全世界人民的要求增产后也不到 5000 头，故神户牛肉每年产量不到 2000 吨，在日本 52 万吨的牛肉年产量中所占比例不到 0.4%。

物以稀为贵并不能支撑神户牛肉的天价。无意中形成的先天品牌优势和后天的刻意经营，才奠定了神户牛肉全世界美食的无上地位。

"神户牛肉"最早是英国人叫出来的。明治维新后，日本国门对西方人打开，当时日本人不吃四条腿动物的肉，西方人要吃牛肉，而且只有神户才有。这可归功神户所在的兵库县第一任知事伊藤博文。伊藤博文早年曾留学英国，喜欢上了吃牛肉，兵库县上任后开了杀牛吃肉的先例，所以外国人想要吃牛肉只能到神户买，"Kobe Beef"（神户牛肉）就这么叫开了。

不过，当时的神户牛和现在的神户牛并无关系，虽然当年神户卖的牛肉也是从但马贩来，但不是专门培育的肉牛，而是肉质不佳的耕牛。明治初年，日本人曾引进英国和瑞士的肉牛试图品种改良，但并不成功。后来日本人自行培育肉牛，从 1898 年起，为所有的牛建立了血统档案，后来发现还是日本血统的牛肉质好，1911 年前后找到了优质种牛。此后日本才培育出四种本土肉牛，最著名的是黑毛和牛。但很长时间里，神户牛肉还只是泛指神户的牛肉商人卖的牛肉，质量参差不齐。1983 年，由兵库县政府牵头把生产、流通和消费各方组织起来，成立了"神户肉流通推进协议会"，制定了神户牛肉的具体标准和管理方法，才把神户牛肉注册成了一个商标。

科比的父亲吃的是什么牛

在日本国内，公认的高级牛肉除了神户牛肉之外，还有松坂牛肉、近江牛肉和米泽牛肉。和国际上只认神户牛不同，在日本国内松坂牛才是公认的最高级和牛，而松坂牛和近江牛的仔牛同样产自但马，养户买回去在三重县的松坂地方和滋贺县的近江地方养大。其余像米泽牛、仙台牛、飞騨牛、佐贺牛等有名的日本和牛也都带有但马牛的血统，现在的但马牛都是1939年左右的一头叫"田尻号"的种牛的子孙，所以，可以说但马牛就是日本"黑毛和牛"的基干。

很可惜，绝大多数日本之外的食客不会记得那么多日本不同产地的品牌牛肉，更何况神户牛肉已经叫了近一百年。当然，绝大多数日本品牌也就在当地销售，倒也无所谓。但神户人非常有效地经营维护着这个品牌的声誉，不但赢得了最大程度的品牌附加值，而且还使之在国外市场成为"优质和牛肉"的代名词——日本之外的市场上，绝大多数打着神户牛肉牌子的都是假的。

不过在中国是吃不到神户牛肉的，所有打着"神户牛肉"招牌的饭馆都是在弄虚作假，他们用的都是其他品种的牛肉。因为2002年发现了日本的疯牛病案例后，中国就禁止了日本牛肉的进口。但幸运的是，中国本土吃到的假神户牛肉未必就比真品差到哪里去，因为有些假神户牛肉是商家发明的"霜降雪花预制调剂调制牛肉"，它通过人工提高牛肉脂肪含量也能达到类似顶级和牛的口感，通俗的说法就是注射脂肪。神户人当然不希望被别人剪了羊毛，甚至坏了自己的名声。所以2013年以后，开始有少量神户牛肉出口到了中国澳门，后又增加了中国香港、泰国、美国和新加坡这四个市场，现在有些欧洲国家也有了神户牛肉。但2014年全年日本只出口了相当于627头的神户牛肉，全世界平均每天分不到2头。一般来说，国外市场上经营神户牛肉的店铺以及进货量和时间全部在网上能查到，数量精确到 100 克，连是出自哪头牛的信息也全部能查出来。

现在有个有趣的问题——2012 年以前，神户牛肉从来就没有出口过，而乔·布莱恩特当年也没有去过日本，他吃到的是和牛没错，但显然不是正牌儿的神户牛肉，所以，伟大的科比·布莱恩特应该用的名字其实是"Wagyu Bryant"。

犹太人为何特别聪明

文丨辉　格

智商有种族差异吗？为什么犹太人会显得特别聪明？

强调政治正确的学术界，什么是令学者最头疼的问题？

答案是犹太人的高智商。自诺贝尔奖设立以来，犹太人共拿走了 19% 的化学奖、26% 的物理奖、28% 的生理与医学奖、41% 的经济学奖。在非科学领域，犹太人还拿走了 13% 的诺贝尔文学奖，1/3 以上的普利策奖，1/3 以上的奥斯卡奖，近 1/3 的国际象棋冠军。为什么犹太人能够取得如此瞩目的成就？

重视教育的传统

重视教育恐怕是犹太人身上最显著的文化特征了。一个有悠久重视教育传统的民族，对杰出人才的诞生当然有很大帮助。

犹太人重视教育的最直接原因是宗教，犹太人的宗教传统要求每位父亲都应向儿子传授《妥拉》（*Torah*）和《塔木德》（*Talmud*）等经典——在识字率很低的古代，仅从经文学习中获得的基本读写能力相当有用。宗教传统之外，犹太人的历史处境是另一个重要原因，甚至比宗教因素的作用更大。犹太人在大流散之后处境悲惨：丧失故国、散居各地的犹太人，无论最初在罗马帝国境内，还是后来在西方基督教世界和东方伊斯兰世界，皆属于"少数民族"，那些拒绝改宗的犹太人，长期被排斥在主流社会之外。犹太人不仅文化上受歧视，法律上也被剥夺了许多权利，屡遭迫害，被驱逐甚至屠杀。

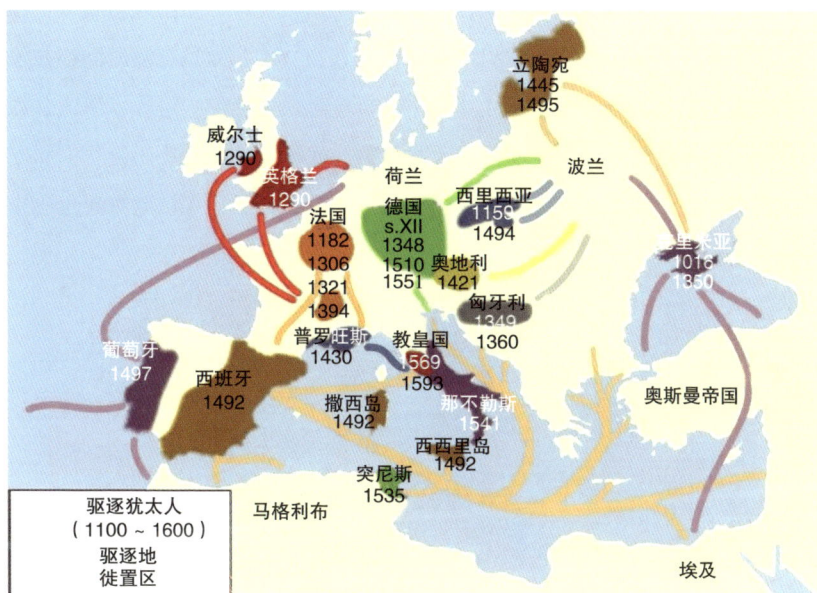

大流散后，散居各地的犹太人在不同年代被迫迁移示意图。

中世纪的欧洲，身为异教徒的犹太人不可能与基督徒君主建立领主—附庸关系从而承租土地，无法组织手工业行会，也无法与贵族通婚以提升社会地位，甚至无法由教会法庭来保障自己的遗嘱得到执行……总之，封建契约关系和教会法，皆与之无缘。

留给犹太人的只有少数被封建关系所遗漏的边缘行业，比如教会禁止基督徒从事（或至少道德上加以贬责）的放贷业、替贵族征收租税的包税／包租人、与放贷和收租有关的私人理财业，以及少数未被行会垄断的商业。这些行当的共同特点是：因没有垄断权而极富竞争性，需要一颗精明的头脑，读写和计算能力很重要。因此，犹太父母可能更愿意投资孩子的教育，提升其读写计算能力，以及运用理性解决问题的能力。

这一"投资"策略迥异于传统农业社会的主流策略：提升家族地位最好的长期投资与积累，主要集中在土地、上层姻亲关系、社会地位和政治权力。犹太人没有这样的机会，只能集中投资人力资本，而且在随时面临被没收和驱逐风险的情况下，投资人力资本大概也是最安全的。近代以来大众教育普及，由教育造成的文化差异已不再显著。实际上，现代杰出的犹太科学家的教育和成长经历中，犹太背景已无多大影响，甚至犹太认同本身也已十分淡薄了。

为何失去教育优势的犹太人智力依然出众？

进化出来的高智商

犹他大学的两位学者格里高列·科克伦和亨利·哈本丁在 2005 年提出了一个颇为惊人的观点：犹太人的智力优势是近一千多年中犹太民族在严酷选择压力之下进化的结果。在 2009 年出版的《万年大爆炸》（*The 10000 Year Explosion*）一书中，格里高列·科克伦和亨利·哈本丁专门用一章介绍了"犹太人的智力优势有可遗传的生物学基础"这一理论。

他们认为，犹太人中表现出显著智力优势的，是阿什肯纳兹人的一个分支，其祖先是 9～11 世纪陆续从南欧和中东翻越阿尔卑斯山进入中欧的犹太移民。和留在地中海世界的族人相比，他们遭受的排挤和限制更加严厉，职业选择更狭窄，这些限制对族群的智力水平构成了强大的选择压力。如此特殊的社会处境，更容易生存的自然是那些聪明好学、头脑精明的个体，所以他们才能留下更多后代。经过近千年三四十代的高强度选择，与高智商有关的遗传特性在种群中的频率显著提高。据保守估算，阿什肯纳兹人的平均智商约 110，比美国同期平均水平高出 10 个点，相当于 2/3 个标准差。对个体来说，10 个点的智商优势并不大，但对于一个上千万人的大群体，这一差距却含义惊人。假如智商确实在群体内正态分布，那么均值高出 2/3 个标准差便意味着该群体内智商高于 140 的个体比例，大约是基准群体（此处是美国总人口）的 6 倍。

科克伦和哈本丁的假说还得到了一些遗传学证据的支持，有多种与神经系统相关的遗传病在阿什肯纳兹人中比例奇高，这些疾病涉及一些与神经突触形成有关的基因变异，它们倾向于增加神经元之间的突触连接。据两位作者推测，这些变异在恰当的组合下会导致高智商，而在不恰当的组合下则带来神经疾病。这意味着在偏爱高智商的高强度选择作用下，阿什肯纳兹犹太人一方面提升了获得高智商的机会，同时也承担了罹患若干神经疾病的高风险，就像在疟疾肆虐的西非，一些族群进化出了一种与血红蛋白相关的变异，在杂合子组合下，该变异将提高疟疾存活率，而不幸的纯合子组合则带来致命的镰刀型细胞贫血症。

但这一假说尚未得到广泛认可——将这样一个重大优势归因于一千年内的进化过程，很难让人接受。通常生物学家在谈论进化改变时，时间尺度至少是几十万年。即便是农业起源后人类发生的显著且意义重大的进化改变也经历了一万年。理论上，只要选择压力足够大，并且种群基因池里有足够多可供自然选择起作用的遗传多样性，几十代时间就足以将一些原本罕见的变异的分布频率成倍提高，从而产生显著的族群间差异。

人类在走出非洲后的几万年里，尤其是农业起源后的一万多年里，已经发生了许多显著且有重大意义的进化改变，其中涉及乳糖消化、抵抗疟疾或饥荒、抵御寒冷、维生素 D 代谢、黑色素合成、骨密度降低等改变。而阿什肯纳兹犹太人的分化历史毕竟只有千年，现有的遗传证据也是间接的，尚没有直接证据可以说明究竟何种变异如何提高了智力。

那么，犹太人的智商进化论还有其他理论加持吗？

少数人的胜利

经济学家马里斯泰拉·波第西尼和兹维·埃克斯坦提供了另一个思路，他们注意到犹太人历史上的一个重要现象：从公元 1 世纪大流散时期到 15 世纪末，犹太人口在其所在社会总人口中的比例，始终在快速下降；从公元 65 年的 10% 降至 1490 年的 1.1%。与此同时并没有证据显示他们的生育率低于其他族群，很明显，不断有大批犹太人改宗为基督徒或穆斯林，不过哪些犹太人更可能改宗并非随机。据一些早期基督徒作家观察，多数改宗基督教的犹太人都是穷人和文盲。

作为宗教少数派，流散的犹太人若要维持自己的宗教和文化传统，保持身份独特性，就需要花大量精力阅读和向孩子教授宗教经典。对于从事精细手工业、商业、金融和管理类职业的家庭，由读经而获得的读写能力可以带来额外回报。然而，对于从事农耕等体力劳动的家庭，这些投入没有额外价值。所以，坚持不改宗的，大多是需要读写能力和精明头脑的非体力城市职业者。这一逻辑反过来也成立：那些天资聪颖，发现自己在读写学习上表现出众，有望由读经而获得上述职业机会的孩子，更有可能坚持读经而不改宗。

总之，保留犹太身份的人，要么是祖上智力较高因而有能力从事精英职业的，要么自己智力较高因而有望并希望从事精英职业。这种"自我选择"和科克伦与哈本丁的"自然选择"解释并不排斥，可以共同起作用。由于中世纪的欧洲能让犹太人发挥才智的机会非常有限，只有天资更卓越的人才能保持犹太身份，而改宗的可能性加速了这一选择过程——这可以部分消除质疑者对"一千年是否足够长"的疑虑。

不过上述理论仅仅是一种假说，尚缺乏经验证据的支持。然而，无论它是否能解释犹太人的智力优势，改宗权衡或其他自我选择机制，在塑造少数族群文化特性上的作用却有很多相同例子可作为佐证。穆罕默德·萨利赫2013年发表的一项研究指出，残存于伊斯兰世界的各种非伊斯兰小教派，包括犹太人、袄教徒、希腊正教徒、亚述基督徒、亚美尼亚基督徒，其精英化程度都很高，表现为他们在医生、工程师、机械师、外语教师等精英职业中的比例奇高，而且这些族群的1/2到2/3都居住在汇集着富人和精英的大城市。萨利赫认为，因为会被征收人头税（jizya），于是这些群体中付不起人头税的下层成员就只好改宗，只有那些从其宗教与文化传统中获益最多且足以抵偿人头税和其他少数派特有成本的成员，才愿意坚守其传统身份——这个政策实际上是在替这些少数族群不断清除资质禀赋较差，因而难以在精英职业中取得成就的成员。

除了社会地位低下，法定权利缺失，他们还要遭受多数派邻居的歧视、排斥和攻击，这个压力在农村比在城市高得多，和城市流动性社会相比，农村熟人小社会的文化更单一和封闭，更排他，更难以容忍少数派的存在。

这些例子和阿什肯纳兹人在基督教世界一样，充分展现了特定社会条件下，基于个人禀赋差异而做出的不同自我选择，在塑造少数族群的文化和遗传特质上扮演了关键角色。

这一选择机制也可通过另一条途径——跨国移民——表现出来，它在美国这个移民国家有时会出现对比鲜明的有趣结果。你能猜到在美国医生这个精英群体中，哪个族群的相对代表率最高吗（相对代表率，即某群体在某职业中的出现频率与它在总人口中所占比例的比值，基准值为1）？

2015年出版的《虎子崛起》（*The Son Also Rises*）中，格雷戈里·克拉克（Gregory Clark）分析了美国社会一些少数族群的精英化程度，你可能绝对猜不到，来自埃及的科普特人高居榜首。但是，用前面的自我选择就很容易解释了。

科普特人血缘上属于埃及土著，罗马帝国后期皈依基督教，直到被阿拉伯征服之前，是埃及人口的多数，在罗马和拜占庭帝国统治下，科普特人长期处于社会底层，与"精英"二字完全无缘，但在阿拉伯人统治下，前述选择机制将它从一个底层多数群体改造成了少数精英族群。埃及科普特人向美国的移民过程又发生了二次筛选——科普特人尽管在埃及有着较高精英度，但相对于发达国家仍是贫穷者，只有其中条件最优越、禀赋最优秀者，才能跨越移民门槛而进入美国，可以说，他们是精英中的精英。

但不是所有移民群体都有着较高的精英化程度，拉美人、柬埔寨人、赫蒙人，在医生中的代表率皆远低于基准水平。造成这一差别的关键在于移民机会和移民通道：拉丁裔移民大多利用靠近美国的地理优势，从陆地或海上穿越国境而来，柬埔寨人和赫蒙人则大多是20世纪70年代的战争难民，这两类移民对个人禀赋并无特别要求，但是，上大学、工作签证、投资移民、政治避难、杰出人士签证，都有着强烈的选择偏向。观察这一差别的最佳案例是非洲裔美国人。同样是黑人，南北战争前便已生活在美国的黑人，

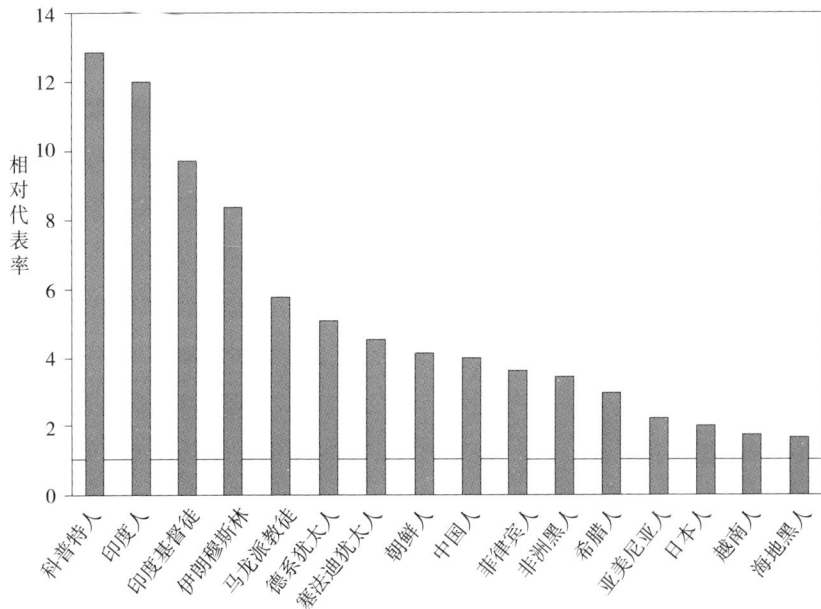

若干精英度偏高的美国少数族群在医生中的相对代表率